Ngo Thi Kim Cuc

Caracterização fenotípica e genética da galinha H'mong vietnamita

Ngo Thi Kim Cuc

Caracterização fenotípica e genética da galinha H'mong vietnamita

ScienciaScripts

Imprint
Any brand names and product names mentioned in this book are subject to trademark, brand or patent protection and are trademarks or registered trademarks of their respective holders. The use of brand names, product names, common names, trade names, product descriptions etc. even without a particular marking in this work is in no way to be construed to mean that such names may be regarded as unrestricted in respect of trademark and brand protection legislation and could thus be used by anyone.

Cover image: www.ingimage.com

This book is a translation from the original published under ISBN 978-3-659-93021-8.

Publisher:
Sciencia Scripts
is a trademark of
Dodo Books Indian Ocean Ltd. and OmniScriptum S.R.L publishing group

120 High Road, East Finchley, London, N2 9ED, United Kingdom
Str. Armeneasca 28/1, office 1, Chisinau MD-2012, Republic of Moldova, Europe
Printed at: see last page
ISBN: 978-620-7-74020-8

Copyright © Ngo Thi Kim Cuc
Copyright © 2024 Dodo Books Indian Ocean Ltd. and OmniScriptum S.R.L publishing group

Índice:

Capítulo 1   6

Capítulo 2   9

Capítulo 3   25

Capítulo 4   36

Capítulo 5   55

Capítulo 6   64

Abreviaturas

AFLP	Amplified Fragment Length Polymorphisms
AVIANDIV	The European Commission-funded Project of Development of Strategy and Application of Molecular Tools to Assess Biodiversity in Chicken Genetic Resources (BIO4-CT98)
Bp	Base pair
DNA	Deoxyribose nucleic acid
FAO	Food and Agriculture Organization of the United Nations
Fig	Figure
Fis	The inbreeding coefficient of an individual relative to its sub-populations.
Fit	The inbreeding coefficient of an individual relative to the whole set of populations
Fst	The inbreeding coefficient of an individual relative to entire population
He	Expected hetorozygosity
Ho	Observed hetorozygosity
HWE	Hardy-Weinberg equilibrium
LSM	Least squares means
MoDAD	Global project for the maintenance of domestic animal genetic diversity
n	Number
NJ	Neighbour – Joining Method
OD	Optical density
P	Probability
PCR	Polymerase Chain Reaction
RAPD	Random Amplified Polymorphic DNA
RFLP	Restriction fragment length polymorphism
SAS	Statistical analysis system
SD	Standard deviation
SE	Standard error
SMM	Stepwise mutation model
UPGMA	Unweighted Paired Group Method of Arithmetic Average
X^2	Chi – square

Resumo

A produção de frangos desempenha um papel importante no desenvolvimento rural do Vietname. As galinhas H'mong são uma componente importante do sistema agrícola tradicional das tribos H'mong. São originárias e distribuem-se nas zonas montanhosas do Norte do Vietname, onde vivem os grupos étnicos H'mong. Diz-se que as galinhas H'mong estão adaptadas ao sistema local de produção com poucos factores de produção e pouca produção. Produzem carne magra, que é preferida e considerada saborosa em comparação com outras carnes de frango locais. O tipo de carne preta é utilizado como medicina tradicional para melhorar a saúde humana. Apesar da sua importância local, são poucos os estudos efectuados sobre a população H'mong conservada ex-situ e a informação sobre a sua produtividade é limitada. Além disso, faltam informações sobre a distribuição da população, a caraterização fenotípica e os seus sistemas de produção predominantes. A presença de várias cores de penas nas galinhas H'mong e a sua distribuição em diferentes locais levanta a questão de saber se temos uma população geneticamente distinta.

Este estudo teve por objetivo (1) avaliar a situação atual das galinhas H'mong e descrever as suas características fenotípicas e sistema de produção, (2) avaliar a diversidade genética da população de galinhas Hmong em três aldeias.

Por conseguinte, foi realizado um estudo entre novembro de 2003 e maio de 2004. Foram inquiridos 55 agregados familiares (8% do total de agregados familiares), representativos de três aldeias (Phieng Cam, Chieng Chan e Chieng Noi) em duas zonas agro-ecológicas do distrito de Maison, província de Sonla. O principal objetivo era fornecer informações sobre a caraterização fenotípica e o sistema de produção. Foi aplicado um inquérito com recurso a questionários estruturados. Foram seleccionadas aleatoriamente amostras de sangue de 36 indivíduos. Foram utilizados 29 marcadores de microssatélites para avaliar a diversidade genética das populações de galinhas Hmong.

Os resultados mostraram que foram inquiridas um total de 794 galinhas H'mong. A dimensão dos bandos era, em média, de 14,44 galinhas por agregado familiar. A estrutura do bando mostrou que havia menos pintos do que adultos. 70,03% das aves tinham penas de cor castanha, incluindo as multicolores. A cor amarela da pele predominava com uma frequência de 94,71%, enquanto 95,59% e 96,85% das galinhas

H'mong tinham pernas e bico pretos, respetivamente.

O peso corporal dos frangos em Chieng Chan era inferior ao de Phieng Cam e Chieng Noi. Não houve diferença no peso corporal entre as três variantes de cor de penas. Não foram encontradas diferenças na maioria das características reprodutivas entre as três aldeias e as três variantes de cor de penas. O sistema de produção de galinhas H'mong é caracterizado pelos seus baixos níveis de input - low output. 85,56% dos agregados familiares dispunham de alojamento para as galinhas. Todos os agricultores entrevistados deram suplemento de milho inteiro duas vezes por dia. A quantidade de suplemento dado não foi medida. Os produtos de frango eram utilizados para consumo doméstico. Os frangos eram sobretudo abatidos para convidados especiais ou reuniões cerimoniais, como casamentos ou funerais.

Os resultados da avaliação da diversidade genética indicaram que, no total, foram observados 186 alelos em todas as populações. Todos os marcadores de microssatélites testados eram altamente polimórficos para todas as populações testadas. O número de alelos variou de 2 a 15 alelos por locus, sendo o número médio de alelos de 6,41 por locus. O nível de heterozigotia esperado calculado mostrou uma elevada variabilidade genética nas populações testadas. A heterozigosidade variou entre 62,7% e 66,8% para as três populações testadas. O resultado do teste do Qui-quadrado mostrou que dois fabricantes de microssatélites (MCW123 e LEI234) se desviaram ($P<0,05$) do equilíbrio de Hardy-Weinberg, e o equilíbrio de Hardy-Weinberg é mantido para três populações. As populações não foram afectadas por consanguinidade. A diferenciação genética das três populações foi de cerca de 2%. O resultado do teste de diferenciação por pares indicou que foram observadas diferenças significativas entre a população Chieng Chan e a população Phieng Cam e a população Chieng Noi, mas entre as variantes de cor das penas não se registaram diferenças significativas. Os valores da distância genética de Nei (1972) entre as diferentes populações foram utilizados para construir uma árvore filogenética.

Os resultados podem ser úteis como guia inicial na definição de objectivos para o desenvolvimento de estratégias de conservação dos recursos genéticos animais no Vietname. Embora mantendo a diversidade genética no local, uma abordagem possível poderia ser o aumento da produtividade das galinhas H'mong através da aplicação de programas comunitários de gestão adequados, incluindo a melhoria do alojamento, da alimentação e dos cuidados de saúde.

Agradecimentos

Gostaria de expressar a minha mais sincera gratidão ao Prof. Dr. Clemens B. A. Wollny por me ter orientado corretamente neste estudo. Estou muito grato ao Dr. Steffen Weigend pela formação e pela disponibilização de todos os materiais necessários para a investigação.

Estou muito grato aos membros do Institute of Animal Breeding, Mariensee, Alemanha, e ao pessoal da genética molecular do National Institute of Animal Husbandry do Vietname pelos trabalhos laboratoriais

Muito obrigado aos membros dos departamentos do distrito de Maison e às famílias H'mong na área de estudo por fornecerem informações e permitirem que eu usasse os seus animais para o meu estudo. O presente estudo não poderia ter sido efectuado sem o seu consentimento e a sua colaboração.

Capítulo 1

1 Introdução

A produção avícola desempenha um papel importante no desenvolvimento rural do Vietname. A produção de galinhas é uma importante fonte de rendimento para muitas famílias. A população de galinhas no Vietname foi estimada em cerca de 185 milhões de cabeças (FAO, 2003). As galinhas são criadas na maioria dos agregados familiares agrícolas, que constituem quase 80% da população humana do Vietname (12 milhões de agregados familiares) (Nguyen Dang Vang, 2000). As galinhas são criadas por estes agregados familiares num sistema de produção de baixo input e baixo output. A incubação natural é praticada. Este sistema de criação existe desde há muito tempo e caracteriza-se por um investimento inicial reduzido e por um baixo rendimento. Apesar da baixa produtividade, este sistema produz cerca de 65% da produção anual de frangos no Vietname. De acordo com os dados estatísticos de 1999 (Nguyen Dang Vang, 2000), 70 de um total de 126 milhões de frangos foram produzidos por este sistema de criação. Na estratégia de agricultura e desenvolvimento rural até 2010 no Vietname, a pecuária é considerada como a principal produção. A produção avícola, dominada pelas galinhas, ocupa o segundo lugar, a seguir à produção de suínos (Nguyen Dang Vang, 2000).

As galinhas H'mong são um recurso genético que só é conhecido pelos cientistas vietnamitas desde 1996 (Phuong Thao e Mai Hoang, 2003; Hoang Van Tieu et al., 2001). As galinhas H'mong são originárias e estão distribuídas nas zonas montanhosas do Norte do Vietnam, onde vivem as tribos minoritárias H'mong. A galinha tem uma forte ligação com a vida das tribos minoritárias H'mong, que chegaram ao Vietname no final do século XVIII, vindas do Sul da China. Instalaram-se nas terras menos favoráveis e inacessíveis, nas maiores altitudes. O povo H'mong pratica a agricultura itinerante. Diz-se que as galinhas H'mong estão adaptadas ao sistema local de produção com poucos factores de produção e poucos resultados (Hoang Van Tieu e Vo Van Su, 2000; Vo Van Su et al., 2001). Produzem carne magra, que é preferida e considerada saborosa em comparação com outras carnes de frango locais. O tipo de carne preta é utilizado como medicina tradicional para melhorar a saúde humana (Hoang Van Tieu e Vo Van Su, 2000). Apesar da sua importância local, o tamanho da população de galinhas H'mong tem vindo a diminuir devido ao baixo desempenho da produção (Hoang Van Tieu e Vo Van Su, 2000; Hoang Van Tieu et al., 2001). Devem, pois, ser adoptadas estratégias de conservação para proteger a galinha H'mong como recurso genético.

Os resultados dos projectos sobre a conservação das raças de gado vietnamitas mostraram que a cor das penas da galinha H'mong é diversificada e dividida em três grupos principais de cores de penas (Hoang Van Tieu *et al*., 2001). Estes eram o grupo de cor de penas pretas, no qual a galinha tinha um grupo de cor de penas completamente preto, o grupo de cor de penas brancas, que é completamente branco, e o grupo de cor de penas castanhas, que é uma cor de penas mista. Como resultado, as galinhas H'mong foram classificadas em três raças com base na cor das penas. Uma questão importante tanto para os criadores como para os conservacionistas é saber se os três grupos de cores de penas são uma verdadeira representação das raças distintas das populações de galinhas H'mong situadas em diferentes locais.

A conservação da variação genética natural é importante não só por razões éticas e estéticas, mas também para garantir que os recursos vivos da Terra possam ser utilizados de forma ainda mais eficiente e sustentável na agricultura, silvicultura, produção alimentar e outras indústrias (Karp *et al*., 1998). Para além de produzirem alimentos, os recursos genéticos animais servem de "armazém" para uma vasta gama de características de produção desejáveis (FAO, 1995). Foi reconhecido o potencial genético das aves de capoeira autóctones como reservatório de variação genómica e de genes importantes com relevância para melhorar a adaptabilidade (Horst, 1989). É necessário saber mais sobre a variação que já existe e sobre a forma como pode ser conservada e acedida eficazmente (Karp *et al*., 1998). Romanov *et al*. (1996) sugeriram que as galinhas locais podem conter os genes e alelos pertinentes para a sua adaptação a um ambiente particular e aos objectivos locais de criação. Essas raças locais são necessárias para manter recursos genéticos que permitam a adaptação a requisitos de criação imprevistos no futuro e uma fonte de material de investigação.

A definição de raças é subjectiva e, em muitos casos, orientada para poucos traços fenotípicos, enquanto grande parte da composição genómica pode ser comum entre raças. A presença de várias cores de penas nas galinhas H'mong e a sua distribuição em diferentes locais continua a colocar a questão de saber se temos populações geneticamente distintas. Por conseguinte, para estabelecer medidas de conservação eficazes, são necessárias informações fiáveis sobre as diferenças genéticas entre indivíduos, populações e raças. No processo de avaliação genética para desenvolver medidas de conservação em galinhas, é de especial interesse avaliar a variação genética entre as subpopulações sugeridas, utilizando ferramentas moleculares modernas

(Romanov e Weigend, 2001). A utilidade dos marcadores de microssatélites para a estimativa da diversidade genética e das relações entre raças de galinhas foi documentada em numerosos estudos (Crooijmans *et al.*, 1996a; 1996b; Vanhala *et al.*, 1998; Zhou e Lamont, 1999; Koster e Nel, 2000, Wimmers *et al.,* 2000; Romanov e Weigend, 2001; Weigend e Romanov, 2001a, 2001b; Tadelle, 2003).

A conservação dos recursos genéticos animais não é apenas de importância nacional, mas também uma questão internacional (Le Viet Ly, 1994). O principal objetivo da conservação da biodiversidade deve centrar-se na diversidade entre e dentro das populações indígenas de animais de criação. A caraterização genética e fenotípica das raças locais é um pré-requisito para este objetivo (Wollny, 2003). Devem ser envidados esforços para preservar as características importantes e únicas que os recursos genéticos animais possuem. A caraterização fenotípica e genotípica das populações de galinhas H'mong requer, portanto, uma atenção urgente.

Os objectivos do presente estudo são:

1. Avaliar o estado atual das raças de galinhas H'mong e descrever as suas características fenotípicas e sistema de produção; e

2. Avaliar a diversidade genética da população de galinhas H'mong.

O trabalho baseia-se no pressuposto de que as cores das penas de três grupos de galinhas H'mong são diferentes, mas os seus genótipos podem estar intimamente relacionados.

A hipótese é que as populações de galinhas H'mong de locais geograficamente diferentes são geneticamente idênticas.

Capítulo 2

2 Revisão da literatura

2.1. História do frango

2.1.1. Classificação e evolução das aves selvagens

As aves selvagens foram classificadas por Johnsgard (1986) como ordem Galliformes, subordem Galli, família Phasianidae, subfamília Phasianinae, tribo Phaasianini, género Gallus. São reconhecidas quatro espécies de aves selvagens: A galinha-do-mato-ceilão (*Gallus lafayettei*), a galinha-do-mato-cinzenta (*Gallus sonnerati*), a galinha-do-mato-verde (*Gallus varius*) e a galinha-do-mato-vermelha (Gallus *gallus*). A galinha-do-mato-vermelha (*Gallus gallus*) é originária do Sudeste Asiático. A galinha da selva vermelha foi domesticada pela antiga civilização na China e na Índia (Crawford, 1990a). São a base das raças domesticadas actuais. A rápida evolução das aves domésticas começou durante o processo de domesticação (Crawford, 1990b). As principais forças de migração, deriva genética e seleção, que alteraram as frequências genéticas, estiveram activas durante todo o processo. A mutação cria novas variantes.

2.1.2. Domesticação de aves na Ásia

Chow (1984) interpretou os achados arqueológicos no sítio de Cishan, no país de Wu·an, província de Hebei, China, segundo os quais a domesticação de galinhas pode ter ocorrido já em 6000 a.C. A maioria dos restos de galinhas eram ossos tarsometatarsianos. Treze foram considerados como sendo de machos, devido ao seu tamanho e à presença de um esporão, e um pequeno osso sem esporão era de uma fêmea. As suas medidas eram superiores às da galinha da selva vermelha e inferiores às da galinha doméstica moderna. Também foram encontrados espécimes de clavícula, úmero, fémur, rádio e cúbito. Tanto a elevada frequência de ossos de galinha nos restos de animais como o tamanho superior ao das galinhas da selva foram considerados como provas positivas da domesticação. Descobertas de ossos semelhantes, do mesmo período, foram efectuadas no sítio de Pei-li-Kang, na província de Henan (Chow, 1984). A menção de restos de galinhas foi interpretada como prova de que as galinhas da selva tinham uma distribuição muito mais alargada na China antiga.

2.2. Herança genética em galinhas

2.2.1. Cariótipo

As galinhas locais podem desempenhar um papel importante em futuras estratégias de reprodução, como fornecedoras de grandes complexos de genes ou de genes individuais que afectam características especiais (Horst, 1989). Os cromossomas contêm factores hereditários (genes). Os genes que determinam características específicas são segmentos de ADN molecular. O genoma da galinha é constituído por 38 pares de cromossomas autossómicos e dois cromossomas sexuais Z e W.

A fêmea é o sexo heterogâmico (ZW) e o macho é o sexo homogâmico (ZZ) (Bitgood e Shoffner, 1990). Ao contrário dos mamíferos, incluindo os humanos, o sexo da descendência é determinado pelos gâmetas femininos. Este procedimento depende principalmente do número de cromossomas sexuais completos (Z) existentes em cada célula do tecido. Uma vez que as fêmeas têm apenas um cromossoma completo, os genes transportados nesse cromossoma (genes ligados ao sexo) ocorrerão apenas nesse cromossoma, enquanto os machos transportarão esses genes em ambos os cromossomas. Assim, um frango macho pode transferir uma caraterística ligada ao sexo para o seu filho e para a sua filha, enquanto a fêmea não pode contribuir com uma caraterística ligada ao sexo para as suas filhas. A compreensão destes factos tem sido muito importante na criação de aves de capoeira para a transição das características desejadas.

2.2.2. Genética das características

Dois tipos diferentes de traços podem ser observados no fenótipo da galinha:

- Uma caraterística qualitativa exprime-se de forma qualitativa, o que significa que o fenótipo se insere em diferentes categorias. Estas categorias não têm necessariamente uma determinada ordem. O padrão de hereditariedade de uma caraterística qualitativa é tipicamente monogenético, o que significa que a caraterística é apenas influenciada por um único gene. O ambiente tem muito pouca influência no fenótipo destas características. O modo de hereditariedade baseia-se na lei mendeliana. Exemplos disso são a cor das penas ou a cor da pele.

- Uma caraterística quantitativa apresenta uma variação contínua. Isto deve-se ao facto de a soma de vários genes estar relacionada com a expressão de uma caraterística (por exemplo, peso corporal, peso dos ovos). Se estiverem presentes vários efeitos de genes pequenos, os valores fenotípicos de uma população apresentam uma distribuição normal. O ambiente tem uma influência muito grande no fenótipo destas características. O fenótipo é o resultado da interação dos efeitos genéticos e ambientais, que determinam o desempenho real. A expressão do genótipo é modulada pelo ambiente. A interação entre o genótipo e o ambiente é demonstrada da seguinte forma

(Falconer e Mackay, 1996):

$$P = G + E$$

Onde: P é o valor fenotípico, E é o desvio ambiental, G é o valor genotípico

O valor genotípico de uma caraterística quantitativa resulta do efeito de muitos genes. O valor genotípico consiste no valor aditivo A, no desvio de dominância (D) e no desvio de interação (I)

Quando apenas um único locus está a ser considerado: G = A + D. Todos os locus estão a ser considerados: G = A + D + I

O desvio do ambiente afecta fortemente o valor fenotípico. Dois ambientes principais são o ambiente geral (Eg) e o ambiente especial (Es)

Por conseguinte, na genética qualitativa, o valor fenotípico é apresentado da seguinte forma:

$$P = A + D + I + Eg + Es$$

A interação genótipo-ambiente torna-se muito importante se os indivíduos de uma determinada população tiverem de ser criados em condições diferentes. A compreensão desta interação constitui uma base para estabelecer condições ambientais adequadas com vista a uma utilização óptima da capacidade genética do animal.

2.2.3. Genética da cor das penas, da pele, das hastes e do bico e da forma do pente

A cor da plumagem tem sido utilizada pelos criadores para diferenciar as raças ou variedades de galinhas e para praticar a auto-sexagem aquando da eclosão. A pigmentação da plumagem e da pele das galinhas é determinada pela melanina e pela xantofina. A melanina representa uma das classes de pigmentos naturais mais difundidas nos organismos vivos e desempenha um papel importante na coloração das penas, da pele, da perna e do bico das galinhas. Considera-se que o locus E polialélico determina a base ou a distribuição zonal da melanina negra (Smyth, 1990). A xantofila dá a coloração amarela à pele. Não é sintetizada pelas galinhas e deve ser fornecida através da ingestão de alimentos como o milho amarelo e a farinha de folhas de alfafa.

A cor da plumagem é um objeto de estudo da genética mendeliana. A caraterística da cor da plumagem é determinada por um gene de barramento ligado ao sexo no cromossoma sexual Z. As galinhas têm apenas três cores básicas: preto, branco e vermelho (dourado). As cores dos frangos são obtidas diluindo e realçando ou mascarando o preto e o vermelho (dourado).

Os alelos branco (W) e amarelo (w) nos cromossomas somáticos são determinantes da caraterística da cor da pele. As galinhas que têm a pele, as pernas e o bico amarelos são homozigotas. As outras, que têm a pele, o pernil e o bico pretos, podem dever-se à dominância da melanina (Smyth, 1990).

A forma dos pêlos nas galinhas é de, pelo menos, quatro tipos, dependendo das interacções de dois pares de genes (R e P). Certas raças de galinhas têm pentes rosas, nozes, ervilhas ou pentes simples. Estes tipos de pentes são herdados e a maior parte dos cruzamentos produzem as conhecidas proporções mendelianas. A herança independente de dois pares de genes determina a forma do favo. Assim, a presença de ambos os genes dominantes, R e P, resulta em favos de nogueira. A presença apenas do R dá origem a favos de rosa e a presença apenas do P dá origem a favos de ervilha. Um único favo resulta da ausência de ambos os genes dominantes (Punnett e Bateson, 1908).

2.2.4. Genética do crescimento e da reprodução

O crescimento, definido simplesmente como um aumento de tamanho, consiste, nos animais, no aumento não só do tamanho das células (hipertrofia), mas também do número de células (hiperplasia) e do fluido extracelular (Widdowson, 1980). É o processo de crescimento orgânico de um organismo individual; um desdobramento puramente biológico de eventos envolvidos na mudança gradual de um organismo de um nível simples para um nível mais complexo. O crescimento animal foi definido como a soma dos crescimentos das partes componentes da carcaça, ou seja, carne, osso e pele. Estas partes não só diferem nas suas taxas de crescimento à medida que a idade avança, como também dependem dos níveis de nutrição. O crescimento é um processo fisiológico complexo que existe desde a conceção até à maturidade do animal. Consequentemente, a medição exacta de toda a fase de crescimento não pode ser realizada facilmente. Algumas medidas simplificadas e práticas, que são utilizadas para avaliar o crescimento dos frangos, são o peso, o ganho de peso e os parâmetros da curva de crescimento. O peso corporal numa determinada idade é provavelmente o indicador de crescimento mais frequentemente utilizado (Chamber, 1990).

A capacidade de reprodução das galinhas é o resultado da ação de muitos genes sobre um grande número de processos bioquímicos, que, por sua vez, controlam uma série de características anatómicas e fisiológicas. Com condições ambientais adequadas, tais como: nutrição, luz, temperatura ambiente, água e ausência de doenças, etc. Os principais genes que controlam todos os processos associados à produção de ovos podem atuar de modo a permitir que a galinha expresse plenamente o seu potencial genético (Fairfull e Gowe, 1990). Algumas características que são utilizadas para medir a reprodução das galinhas são a idade do primeiro ovo, o peso do ovo, a fertilidade e a eclodibilidade.

2.3. Diversidade genética nas galinhas domésticas

Nos países em desenvolvimento, as galinhas locais podem apresentar um património genético diversificado que pode incluir características genéticas únicas. Apesar das variações esperadas entre as diferentes estirpes, estas caracterizam-se por terem um tamanho corporal pequeno, com um peso corporal adulto não superior a 1,5 kg (Horst, 1989). O tamanho pequeno do corpo é um carácter desejável no ambiente tropical e subtropical. Uma das características positivas mais importantes das galinhas locais é a sua rusticidade, que está adaptada ao sistema de produção de baixo input - baixo output, que é um fornecimento limitado de recursos e um programa de gestão adequado nos países em desenvolvimento. Msoffe *et al.* (2002) indicaram que as galinhas rurais apresentavam resistência à *Salmonella gallinaruem* e à doença de Newcastle. No entanto, ao contrário das raças especializadas de galinhas de alto rendimento, as aves indígenas nos países em desenvolvimento não são uniformes no que diz respeito à cor da plumagem, tipo de pente, cor da penugem, cor das penas e morfometria (Tadelle, 2003). Apesar do importante papel desempenhado pelas galinhas locais como fornecedoras de carne e ovos nos países em desenvolvimento, existe muito pouca informação sobre a sua composição genética (Horst, 1989). Os genes mais importantes já provados pela sua utilidade especial nas regiões tropicais (Quadro 1) são Dw (anão), Na (pescoço nu), E (frisado), H (sedoso), Id (não inibidor), Fm (fibro-melanose), P (favo de ervilha), O (casca azul) e K (plumagem lenta) que são dominantes ou recessivos ou ligados ao sexo - características das galinhas locais das regiões tropicais (Horst, 1989). Poucas tentativas foram feitas para incorporar os genes acima mencionados no melhoramento genético. Garces e Casey (2003) referiram que o gene naked neck (Na) estava associado ao aumento do peso da gema e à redução da altura do albúmen. Do mesmo modo, Horst e Mathur (1992) indicaram efeitos favoráveis dos genes naked neck (Na) e frizzle (F) na produção e no peso dos ovos e do gene dwarf (dw) na eficiência alimentar das galinhas sob stress térmico. A base de recursos genéticos da galinha indígena nos trópicos é rica. O papel das galinhas locais na vida sócio-económica das famílias foi recentemente analisado (Gondwe *et al.*,

2001). Por conseguinte, a diversidade genética das galinhas locais deve ser estimada para apoiar estratégias de conservação e melhorar os seus valores de desempenho.

Quadro 1: Principais genes nas populações locais de galinhas com efeitos importantes na criação orientada para as regiões tropicais

Gene	Mode of inheritance	Direct effects	Indirect effects
Dw: dwarf	-Recessive -Sex-linked -Multiple allelic	Reduction of body size between 30 and 10% from normal size	-Reduced metabolism -Improved fitness -Disease tolerance
Na: naked neck	Incomplete dominant	-Loss of neck feathers -Reduction of pterylat width -Reduction of secondary feathers	-Improved ability for convection - Reduced embryonic liveability (hatchability) -Improved adult fitness
F: frizzle	Incomplete dominant	Curling of feathers, reduced feathering	Decreased fitness under temperate conditions, improved ability for convection
H: silky	Recessive	-Lack of hamuli on the barbules -Delicate shafts, long barbs at contour feathers	Improved ability for convection
K: slow feathering	-Dominant -Sex-linked -Multiple allelic	Delay of feathering	-Reduced protein requirement -Reduced fat deposition during juvenile life -Increased heat loss during early growth -Reduced viability
Id: non-inhibitor	-Recessive -Sex-linked -Multiple allelic	Dermal melanin deposition in the skin and shanks	Improved ability for radiation from shanks and skin
Fm: fibro-melanosis	Dominant with multi-factorial modifiers	Melanin deposition - All over the body -Sheats of muscles and nerves - Blood vessel walls	-Protection of skin against UV radiation -Improved radiation from the skin and increase pack-cell volume and plasma protein
P: pea comb	Dominant	Change of skin structure -Compact comb size -Reduction of pterlae width -Development of breast ridges	-Decrease frequency of breast blisters -Sex-limited -Improvement of late juvenile growth
O: Blue shell	Dominant, sex-linked	Deposition of blue pigment (bilverdin IX) into egg shell	Improved egg shell stability

Fonte: Horst, 1989

2.4. Métodos de avaliação da diversidade genética

A biodiversidade pode ser descrita a vários níveis, desde observações fenotípicas a dados moleculares.

A primeira visão da diversidade das raças pode ser obtida através do exame das diferenças nos traços fenotípicos, utilizando determinadas abordagens cladísticas ou feníticas (Romanov, 1999). Os marcadores fenotípicos estão divididos em traços discretos (por exemplo, carácter morfológico e fenótipo) e traços contínuos (por exemplo, peso corporal) que são utilizados para avaliar a variação genética e a relação filogenética entre várias raças e populações. Nikiforov *et al.* (1998) identificaram cinco grandes grupos, que representavam raças com a mesma utilização prática de várias raças de galinhas russas, mediterrânicas e asiáticas, e a espécie ancestral de base, o galo da selva vermelho (*Gallus gallus*), foi comparada utilizando 31 caracteres morfológicos discretos.

Os outros marcadores, como os polimorfismos proteicos, a atividade enzimática e o grupo sanguíneo, foram utilizados para estimar a variação genética dentro e entre populações de aves de capoeira (Nikiforov *et al.*, 1998; Mina *et al.*, 1991; Gintovt *et al.*, 1981; 1983). No entanto, estes marcadores indicaram um grau de polimorfismo bastante baixo e um poder limitado para estudos de biodiversidade.

Recentemente, os avanços na tecnologia molecular permitiram a avaliação da variabilidade genética ao nível do ADN.

A técnica de eletroforese em gel permite uma análise detalhada da variação molecular ou proteica. Este método detecta apenas uma fração das alterações de aminoácidos nas proteínas. No entanto, o método demonstrou que a maioria das populações neutras tem um elevado grau de variação a nível proteico. A eletroforese foi utilizada para estudar a relação entre 15 raças de galinhas através da estimativa da distância genética (Hashiguchi *et al.*, 1981). Devido ao advento das técnicas de reação em cadeia da polimerase e dos marcadores genéticos, a utilização do ADN tornou-se uma alternativa para a investigação em ciências animais.

2.4.1. Reação em cadeia da polimerase (PCR)

A técnica de PCR é uma reação de extensão de primers para amplificar ácidos nucleicos específicos *in vitro* (Strachan e Read, 1996). Os recursos de ADN utilizados na PCR podem ser ADN genómico de sangue total ou de tecido (Turner *et al.*, 1998).

A PCR permite que um pequeno trecho de ADN (normalmente menos de 3000 pares de bases) seja amplificado até cerca de um milhão de vezes, de modo a que se possa determinar o seu tamanho, sequência de nucleótidos, etc. O trecho específico de ADN a ser amplificado, denominado sequência alvo, é identificado por um par específico de iniciadores de ADN, oligonucleótidos geralmente com cerca de 20 nucleótidos de comprimento (Hengen, 2002).

A PCR é efectuada num termociclador. A PCR, tal como é praticada atualmente, requer vários componentes básicos. Estes componentes são o modelo de ADN, dois iniciadores (direto e inverso), ADN-polimerase, nucleótidos e tampão.

Existem três etapas principais numa PCR (Vierstraete, 1999): desnaturação, recozimento e extensão, que são repetidas durante 30 ou 40 ciclos. Isto é feito num ciclo automatizado, que pode aquecer e arrefecer os tubos com a mistura de reação num período de tempo muito curto.

Uma vez que ambas as cadeias são copiadas durante a PCR, verifica-se um aumento exponencial do número de cópias do gene. Suponha que existe apenas uma cópia do gene pretendido antes do início do ciclo, após um ciclo, haverá 2 cópias, após dois ciclos, haverá 4 cópias, três ciclos resultarão em 8 cópias e assim por diante.

O produto da PCR pode ser identificado pelo seu tamanho utilizando a eletroforese em gel de agarose. O tamanho do produto da PCR pode ser determinado comparando-o com uma escada de ADN, que contém fragmentos de ADN de tamanho conhecido, também dentro do gel.

A PCR foi originalmente concebida como uma técnica para detetar alterações de bases num genoma, como uma ferramenta no diagnóstico de doenças genéticas por ADN. A PCR em genomas inteiros é atualmente utilizada sobretudo para isolar genes ou fragmentos de genes específicos para diversos fins. Pode também ser utilizada para a interpretação direta de diferenças de tamanho por eletroforese em gel como, por exemplo, na análise de polimorfismos de comprimento (Aert et al., 1998).

2.4.2. Marcadores baseados no ADN

Existem algumas classes diferentes de marcadores moleculares utilizados para estudar a diversidade genética dos frangos. Cada uma destas técnicas tem as suas vantagens e limitações, consoante o objetivo a atingir.

2.4.2.1. Polimorfismo de comprimento de fragmentos de restrição (RFLP)

O polimorfismo de comprimento de fragmentos de restrição (RFLP) é uma técnica em que os organismos podem ser diferenciados através da análise de padrões derivados da clivagem do ADN genómico total em fragmentos por enzimas e da separação dos fragmentos com base no tamanho por eletroforese em gel e transferência para membranas de nylon (Southern, 1975). Se dois organismos diferem na distância entre os locais de clivagem de uma determinada endonuclease de restrição, o comprimento do fragmento produzido será diferente quando o ADN é digerido com uma enzima de restrição. A semelhança dos padrões gerados pode ser usada para diferenciar espécies entre si. As endonucleases de restrição são enzimas que clivam as moléculas de ADN em sequências específicas de nucleótidos, dependendo da enzima utilizada. Quanto mais curta for a sequência de reconhecimento, maior será o número de fragmentos gerados. Uma vez que o RFLP apenas mostra a presença ou ausência de um local de clivagem, não é possível obter uma grande quantidade de informação sobre a genotipagem e requer uma grande quantidade de ADN, o que consome muito tempo. O RFLP é utilizado principalmente para a deteção de doenças em animais de criação. Foram publicados relatórios sobre bovinos, ovinos, cães e poucos sobre aves de capoeira (Bulfield, 1990).

2.4.2.2. ADN polimórfico amplificado aleatório (RAPD)

O RAPD é um método de deteção de polimorfismo baseado na amplificação de segmentos aleatórios de ADN com iniciadores simples de sequência arbitrária de nucleótidos. A técnica RAPD é um protocolo simples e direto. Ao contrário da PCR normal, os RAPD requerem apenas a presença de oligonucleótidos únicos "escolhidos ao acaso". Nas condições de recozimento utilizadas, este oligonucleótido único actua como iniciador direto e inverso. Um número relativamente pequeno de iniciadores pode ser utilizado para gerar um número muito grande de fragmentos e vários loci podem ser examinados muito rapidamente (Edwards, 1998). No entanto, devido à dominância dos marcadores RAPD, não é possível distinguir os homozigotos de marcador para marcador dos heterozigotos de marcador para nulo se um dos alelos se encontrar num local RAPD (Lynch e Milligan, 1994). A técnica RAPD foi aplicada para estimar a distância genética em galinhas autóctones chinesas (Zhang *et al.*, 2002).

2.4.2.3. Polimorfismos de comprimento de fragmentos amplificados (AFLP)

A técnica AFLP baseia-se no princípio da amplificação selectiva de um subconjunto de fragmentos de restrição a partir de uma mistura complexa de fragmentos de ADN obtidos após digestão do ADN genómico com endonucleases de restrição. Os polimorfismos são detectados por diferenças no comprimento dos fragmentos amplificados por eletroforese em gel de poliacrilamida (Vos *et al.*, 1995). A estimativa da divergência genética ou da distância genética entre populações baseia-se na partilha e na frequência das bandas. A maior vantagem da tecnologia AFLP é a sua sensibilidade à deteção de polimorfismos ao nível do genoma total (Vos *et al.*, 1995). Esta técnica foi utilizada na cartografia do genoma das plantas. No entanto, as dificuldades de comparação de gel para gel representam uma limitação importante deste método (Weigend e Romanov, 2001b).

2.4.2.4. Polimorfismo de microssatélites

Os microssatélites são repetições em tandem com motivos de sequência simples muito curtos (1-5 pb) e que se considera estarem uniformemente distribuídos no genoma (Tautz, 1989). As unidades básicas das repetições simples em tandem consistem num pequeno número de pares de bases (ou seja, CAC, GATA, GACA, etc.). As unidades de repetição consistem em repetições $(A)_n$, $(TG)_n$, $(CA)_n$ ou $(AAT)_n$ (Tautz, 1989; Smeets *et al.*, 1989). Estas repetições podem ser amplificadas por PCR, uma vez que estão bem distribuídas nos genomas animais e são multialélicas por natureza (Tautz, 1989). O número de unidades repetidas que um indivíduo tem num determinado locus pode ser resolvido utilizando géis de poliacrilamida. A partir dos géis, podem ser vistos dois marcadores genéticos para a maioria dos indivíduos; cada indivíduo herda um comprimento de repetições de nucleótidos da mãe e o outro do pai (os indivíduos com uma banda receberam a mesma banda da mãe e do pai).

As principais vantagens destes marcadores altamente polimórficos são a especificidade do locus, a abundância e a distribuição aleatória no genoma, a hereditariedade codominante, a facilidade e rapidez da sua aplicação e a adequação à análise automatizada (Weigend e Romanov, 2001a; Crooijmans *et al.*, 1996b). Verificou-se que as distâncias genéticas utilizadas com loci de microssatélites são preferíveis para a reconstrução filogenética de taxa suficientemente divergentes (Roy *et al.*, 1994; Goldstein *et al.*, 1995). Os marcadores de microssatélites estão disponíveis em bases de dados para galinhas, tais como: ttp:w3.tzv.fal.de/aviandiv/index.html; ttp:w3.tzv.fal.de/aviandiv/index.html;

http:/www.thearkdb.org/browse ou foram registados por muitos autores. Por exemplo, Crooijmans *et al.* (1994; 1996b) registaram 101 marcadores de microssatélites mapeados.

2.4.2.5. Alguns estudos efectuados com a técnica dos microssatélites

Os microssatélites foram utilizados pela FAO como ferramenta molecular de primeira prioridade para o projeto MoDAD de estudo da biodiversidade. Atualmente, os microssatélites constituem um instrumento poderoso para a investigação de locus de características quantitativas e para o estudo da diversidade genética dentro e entre populações de seres humanos e de todas as espécies pecuárias (Maudet *et al.*, 2002; Stephen *et al.*, 2002; Han *et al.*, 2002; Groenen *et al.*, 1995; Garcia de leon *et al.*, 1995).

No sector das galinhas, há alguns relatos de estudos de diversidade genética utilizando marcadores de microssatélites:

Vanhala *et al.* (1998) utilizaram nove marcadores microssatélites em oito linhas de origem genética diferente. Os investigadores concluíram que os marcadores microssatélites são suficientemente bons para mostrar diferenças genéticas nas populações estudadas. Três dos loci desviaram-se do equilíbrio de Hardy-Weinberg em algumas populações.

Zhou e Lamont (1999) analisaram 23 linhas altamente consanguíneas derivadas das raças Leghorn, Jungle Fowl, Fayoumi e espanhola, utilizando 42 marcadores de microssatélites. As estimativas da distância genética foram maiores entre a Jungle Fowl e todas as outras linhas.

Wimmers *et al.* (2000) basearam-se em 22 marcadores de microssatélites, em frangos locais africanos, asiáticos e sul-americanos, para determinar a heterozigotia e a distância genética. Os frangos foram seleccionados de acordo com a sua origem geográfica. Romanov e Weigend (2001) compararam 20 populações de galinhas de diferentes origens através da tipagem de 14 marcadores de microssatélites. As galinhas vermelhas da selva formaram um ramo ancestral separado, as raças nativas alemãs foram agrupadas num segundo ramo principal, as raças de galinhas que tinham sido sujeitas a uma intensa seleção de desempenho formaram um ramo e o último grupo incluiu linhas comerciais de poedeiras de ovos castanhas atualmente utilizadas.

Tadelle (2003) agrupou o ecótipo local de galinha na Etiópia em dois ramos distintos.

Zhang *et al.* (2002) estudaram galinhas nativas chinesas através da análise de alozima, ADN polimórfico amplificado aleatoriamente (RAPD) e microssatélites, tendo demonstrado que a heterozigotia mais elevada, de 75,91%, foi observada com a análise de microssatélites, em comparação com 22,09% da análise de alozima e 26,32% de RAPD. Este facto confirma a utilidade e a capacidade de discriminação essencial dos microssatélites no estudo da diversidade genética dentro e entre populações, bem como da relação genética, especialmente entre populações e raças estreitamente relacionadas.

2.4.3. Variabilidade genética em frangos

2.4.3.1. Hardy - Weinberg e diversidade genética

O chamado princípio de Hardy-Weinberg, que é a relação entre as frequências genéticas e as frequências genotípicas, foi formulado simultaneamente pelo matemático inglês Hardy e pelo físico alemão Weinberg. A relação é a seguinte: Se as frequências genéticas de dois alelos entre os progenitores são p e q, então as frequências genotípicas entre a descendência são p^2, 2 pq e q^2 (Falconer e Mackay, 1996). Sob certos pressupostos, as frequências génicas e as frequências genotípicas são constantes de geração em geração e podem servir como características da população. São necessárias cinco condições para o equilíbrio de Hardy-Weinberg: população grande, ausência de seleção, ausência de mutação, ausência de migração e população com acasalamento aleatório (Falconer e Mackay, 1996).

Um caso muito mais comum de desvio da expetativa sob o equilíbrio de Hardy-Weinberg é o desvio da heterozigosidade observada e da heterozigosidade esperada (diversidade genética). Este é frequentemente o caso de eventos de hibridação entre espécies. A heterozigotia observada é simplesmente a proporção de heterozigotos numa amostra. A hetorozigosidade esperada (H) num locus é calculada a partir das frequências de alelos observadas (Nei, 1987).

2.4.3.2. Diferenciação genética e distância genética

A evolução pode ser definida como qualquer alteração na frequência genética de uma população dentro de um conjunto de genes de uma geração para a seguinte. Dado o tempo suficiente e o grau de isolamento, as forças evolutivas, que são a mutação, a deriva genética, o fluxo genético e a seleção, acabarão por resultar em frequências genéticas diferentes em populações diferentes (Falconer e Mackay, 1996). Existem muitos modelos para descrever a diferenciação genética. Um dos mais conhecidos e mais frequentemente utilizados é o índice de fixação de Wright (1969):

$$(1-Fit) = (1-Fis)(1-Fst)$$

Onde:

O ajuste é o coeficiente de consanguinidade de um indivíduo relativamente a todo o conjunto de populações,

Fis é o coeficiente de consanguinidade de um indivíduo relativamente às suas subpopulações,

Fst é o coeficiente de consanguinidade de um indivíduo relativamente à população total.

O valor de Fst varia entre 0 e 1. Um valor de 0 indica 0% de diferenciação genética - muito fluxo genético. Um valor de 1 indica 100% de diferenciação genética - absolutamente nenhum fluxo de genes.

A distância genética é uma medida da magnitude da diferença genómica entre populações ou espécies. Se duas populações estão isoladas uma da outra por razões geográficas ou reprodutivas, duas populações tendem a acumular genes diferentes. As diferenças genéticas têm sido medidas em função das frequências genéticas (Nei, 1987). Essencialmente, qualquer medida quantitativa de diferença genética ao nível da sequência ou da frequência alélica, calculada entre indivíduos, populações ou espécies, pode ser definida como uma distância genética (Beaumont et al., 1998). O conceito de distância genética foi utilizado pela primeira vez por Sanghvi (1953) num estudo evolutivo. A distância entre duas populações poderia ser zero, se nenhuma diferença fosse observada. Poderia ser um máximo de 1, se não houvesse alelos comuns encontrados num locus comum. Como medida de distância genética, a distância genética padrão de Nei (1972) é utilizada com mais frequência (Maudet et al., 2002).

2.4.3.3. Árvore filogenética

As árvores de distância (árvore filogenética) são representações gráficas ou mapeamentos da matriz de distância (ou seja, a matriz com a distância entre populações) (Eding e Laval, 1998). Existem diferentes métodos de árvores de matrizes de distância. Takezaki e Nei (1996) discutiram e compararam os diferentes métodos. Os métodos mais conhecidos são o UPGMA (Unweighted Paired Group Method of Arithmetic Average) e o NJ

(Neighbor - Joining Method), que geralmente dão bons resultados. O método UPGMA parece ser útil para dados de frequência alélica quando a taxa de evolução é praticamente a mesma para todas as populações (Nei 1987), ao passo que o método NJ é superior quando é necessário assumir diferentes taxas de evolução e é conhecido por ser aplicável a várias situações. A taxa de evolução é, entre outros factores, determinada pelo tamanho efetivo da população. Uma vez que se pode esperar que este difira de uma população para outra, o que deve ser tido em conta, o método NJ é a técnica preferida (Eding e Laval, 1998).

O bootstrapping é uma técnica estatística de reamostragem de dados nos loci. Isto dá a possibilidade de desenhar várias árvores e estimar a fiabilidade dos diferentes nós da árvore e o nível de confiança dessa árvore. A árvore pode ser desenhada com ou sem um ramo de raiz. No entanto, uma vez que as árvores desenhadas para as raças de gado são filogenéticas, deve dar-se preferência a árvores sem raiz. A utilização do método NJ é aconselhável e o NJ também dá valores de bootstrap mais elevados (Eding e Laval, 1998).

2.5. O sistema de produção e comercialização de frangos de aldeia no Vietname

O sistema de produção de aves de capoeira nas aldeias do Vietname baseia-se principalmente num sistema de baixo rendimento e baixo rendimento em pequenas famílias (Nguyen Dang Vang, 2000; Nhu Van Thu *et al.*, 2003). De acordo com Nguyen Dang Vang (2000), mais de 80% das galinhas são geridas a nível doméstico, quase exclusivamente com ecotipos indígenas (locais), numa espécie de sistema de recolha. Tradicionalmente, estas aves são suplementadas com alimentos ricos em energia, tais como milho, arroz "paddy" (grãos inteiros), arroz partido ou farelo de arroz, uma vez que estes são recursos alimentares disponíveis a nível doméstico em todo o país. No entanto, os agricultores pobres raramente os utilizam devido ao seu custo (Rodriguez e Preston, 1999).

Este sistema de criação existe há muito tempo em todo o Vietname. As características deste sistema são o baixo investimento inicial e o facto de se permitir que as galinhas andem à procura de alimentos e se multipliquem por si próprias. O galinheiro é simples. As galinhas podem ser criadas no jardim, sem cercas. O tempo de criação é longo, normalmente em 6 meses até ao peso de abate. Devido ao sistema de recolha, a gestão é deficiente e as galinhas têm uma baixa taxa de sobrevivência. Os agricultores pobres podem manter algumas dezenas de galinhas (Nguyen Dang Vang, 2000).

O consumo das raças de galinhas locais no Vietname é principalmente de subsistência. Cada agregado familiar pode criar 5-10 poedeiras para produzir pintos de carne e ovos comerciais, alguns dos quais podem ser utilizados como moeda de troca nos mercados. Recentemente, surgiram algumas incubadoras para produzir e comercializar frangos de raças locais e exóticas, com uma escala de produção de 1000-3000 pintos de um dia por lote de incubação. Estes proprietários de incubadoras fornecem crédito a famílias satélites e pretendem recolher os ovos de reprodução e alguns outros produtos. Os produtos e as galinhas reprodutoras são vendidos aos agricultores de outras zonas por intermediários.

2.6. Frango H'mong

Em estudos anteriores realizados com galinhas H'mong seleccionadas de aldeias H'mong na província de Sonla e mantidas em estação para conservação ex situ. Vo Van Su et al. (2001) e Dao Le Hang (2001) mostraram que a cor das penas era diversificada. A forma do pente era única. A taxa de mortalidade era de cerca de 8%. O peso corporal às 15 semanas variava entre 1075 e 1233 g; a idade da primeira postura de ovos era de 113 dias. A eclodibilidade foi de cerca de 57%. A unidade Haugh do ovo era de cerca de 83,6 e o indicador de gema de ovo era de cerca de 0,41. O consumo de ração por kg de peso variou de 3,14 a 4,1 kg. O consumo de ração por cada 10 ovos foi de cerca de 3,38 kg. O teor de aminoácidos da galinha H'mong era mais elevado do que o de outras galinhas locais, ou seja, o teor de glutâmico era de 3,49% contra 0,32% (galinha Ac) (Nguyen Van Thien et al., 1999).

Os dados acima referidos sobre a galinha de H'mong foram registados numa população mantida para conservação ex-situ de 2000 a 2001. O trabalho de conservação concentrou-se principalmente no aumento do tamanho da população para evitar a possível extinção da galinha H'mong, que se presumia estar ameaçada. O consumo de alimentos da galinha H'mong registado foi elevado. Não foram estudadas as necessidades nutricionais adequadas das galinhas H'mong e não foram registados resíduos de alimentos desperdiçados no chão. Os dados relativos ao desempenho dos ovos da população conservada ex-situ ainda não foram completados. Acima de tudo, as informações registadas sobre a distribuição da população in situ, a caraterização e o sistema de produção da galinha H'mong são limitadas.

2.7. Conclusão

Esta revisão da literatura mostrou que as galinhas indígenas são uma espécie importante para os sistemas de produção predominantes nos países em desenvolvimento e são consideradas como um recurso genético para o futuro. Embora as galinhas indígenas possuam uma série de características adaptativas e genes com especial utilidade nas regiões tropicais, o seu valor é frequentemente subestimado. A falta de informação sobre os sistemas de produção existentes, as possíveis intervenções e o desempenho dos frangos nos sistemas de produção prevalecentes permitem utilizar corretamente a diversidade genética disponível e aumentar a produção. A introdução de raças de elevado rendimento e de modos de produção especializados pode levar à perda de diversidade genética das raças autóctones. Os marcadores moleculares podem servir de guia inicial importante para caraterizar a população como recurso genético e contribuir para estabelecer estratégias de conservação e programas de melhoramento adequados. A utilização de microssatélites no estudo da diversidade genética nos animais domésticos e entre eles revela uma grande variação. Este facto confirma a utilidade e a capacidade de discriminação essencial dos microssatélites no estudo das relações genéticas, especialmente entre populações estreitamente relacionadas. Nos países em desenvolvimento, os sistemas de produção menos intensivos são a base das espécies e raças existentes. É, pois, absolutamente necessário avaliar os recursos genéticos existentes do ponto de vista da biodiversidade e da adequação dos genótipos disponíveis ao ambiente e aos recursos alimentares em que são mantidos. Isto é particularmente verdadeiro no Vietnam, onde as raças autóctones, em geral, e as galinhas H'mong, em particular, ainda não foram geneticamente identificadas e caracterizadas.

Capítulo 3

3 Material e método

As galinhas H'mong são parte integrante da vida do grupo étnico H'mong. Este trabalho analisou as características fenotípicas, a distribuição, a dimensão dos bandos e o sistema de produção das galinhas H'mong em três aldeias H'mong do distrito de Maison, província de Sonla. Foram efectuadas caracterizações genéticas utilizando marcadores de microssatélites para avaliar a diversidade genética das populações de galinhas H'mong.

3.4. A zona de estudo

Este trabalho foi realizado no distrito de Maison, na província de Sonla, no noroeste do Vietname. A província tem uma área total de 14210 km², 80% da qual está coberta por montanhas (Departamento de Estatística de Sonla, 2000). A província situa-se nas latitudes 20°39' e 22°00 Norte e nas longitudes 103°11' e 103°35' Este (Mapa 1) e representa a quinta maior província do país.

A temperatura varia entre (-) 0,5°C e 38°C, com um valor médio anual de 21°C. A precipitação anual é de 1414 mm e a humidade relativa média é de cerca de 81%. O clima divide-se em 2 estações distintas: a estação das chuvas, de maio a setembro, e a estação seca, de outubro a abril (Departamento de Estatística da província de Sonla, 2000).

A população humana total do Distrito de Maison foi estimada em cerca de 114000 pessoas (Departamento de Estatística do Distrito de Maison, 2000). O distrito de 1410 km² consiste em 21 aldeias que estão divididas em três zonas económicas diferentes (Anexo 1). A agricultura é a principal fonte de subsistência da comunidade rural. As principais culturas são o milho, o arroz de sequeiro, o açúcar e a mandioca. O cultivo de queimadas ainda predomina e a enxada é a ferramenta agrícola comum. Na produção animal, predominam as raças locais de búfalos, porcos e galinhas. A população de galinhas do distrito de Maison foi estimada em cerca de 361000 cabeças (Mac Thi Quy et al., 2003).

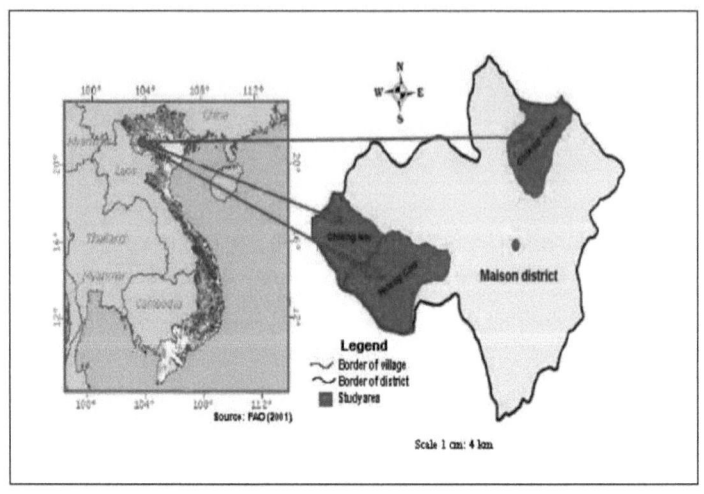

Mapa: Área de estudo

3.5. Populações experimentais

De acordo com os Serviços de Veterinária, Agricultura e Extensão, as galinhas H'mong são criadas em duas aldeias da zona II (Ta Hoc e Chieng Chan) e em quatro aldeias da zona III. São classificadas de acordo com a cor das suas penas (Figura 1). Existem galinhas de penas completamente pretas, enquanto que as galinhas de penas castanhas têm galinhas de penas castanhas e galinhas muticolores. Também existem galinhas de penas completamente brancas. A classificação baseada na cor da plumagem está de acordo com Hoang Van Tieu et al. (2001). A cor da pele nestas populações de galinhas é preta ou branca. Três aldeias, Chieng Chan, na zona II, e Phieng Cam e Chieng Noi, na zona III, foram seleccionadas aleatoriamente para este estudo. Phieng Cam e Chieng Noi são aldeias vizinhas, enquanto Chieng Chan fica a cerca de 20 km das outras duas por via aérea e a 100 km por estrada. As informações gerais sobre as três aldeias são apresentadas no Quadro 2

Quadro 2: Informações gerais sobre as três comunas inquiridas

Village	Zone	Area (Km^2)	Income/capital (USD)	Number of households	Population	Altitude (m)
PhiengCam	III	106	55	705	4486	600-1523
ChiengNoi	III	134	45	643	4006	900-1600
ChiengChan	II	62	60	793	4721	100-1000

Fonte: Departamento de Estatística do distrito de Maison, 2000

bl = cor preta, br = castanho incluindo multicolor e w = cor da plumagem branca
Fig. 1: Identificação das variantes de cor das penas (Fonte: Autor)

3.3. Recolha de dados

Os dados foram recolhidos de novembro de 2003 a fevereiro de 2004

3.3.1. Recolha de informações gerais

Os dados secundários sobre a distribuição das galinhas H'mong, a informação geral sobre os distritos, o nível de educação e a fonte de subsistência das populações humanas foram obtidos nos Departamentos de Agricultura, Pecuária e Veterinária, Extensão, Planeamento, Terra e Estatística do Distrito de Maison.

3.3.2. Inquérito aos agregados familiares

Em cada aldeia, foi obtida uma lista de agregados familiares junto do chefe de aldeia. Foi feita uma seleção aleatória dos agregados familiares a inquirir, tendo sido recolhidas amostras de 55 agregados familiares nas três aldeias seleccionadas. O quadro 3 mostra o número de agregados familiares inquiridos em cada aldeia.

Quadro 3: O número de agregados familiares seleccionados para um inquérito

Village	Total number of H'mong households	Number of H'mong households Surveyed
Phieng Cam	372	30 (8.06%)
Chieng Noi	125	10 (8.00%)
Chieng Chan	183	15 (8.18%)

O número em parenstudy é a percentagem do agregado familiar inquirido

As visitas prévias às autoridades locais e aos aldeões destinavam-se a obter a sua cooperação e a explicar o objetivo do estudo, bem como a marcar as entrevistas e a colheita de sangue. Uma vez que os agricultores falam a língua local (H'mong), a comunicação com eles foi facilitada através de um intérprete.

Foi aplicado um questionário específico (Anexo 2) às pessoas que eram proprietárias das galinhas. As informações sobre o alojamento, a alimentação, a comercialização e as práticas de maneio foram obtidas por entrevista durante o dia. Foram observadas as penas, a pele, a cor da perna e a forma do pente. Foram pesados os ovos e o peso corporal de todas as galinhas disponíveis nos agregados familiares. Os dados relativos à reprodução, tais como a idade da galinha na primeira postura, o tamanho da ninhada e a eclodibilidade, foram obtidos através de entrevistas à noite, quando as aves podiam ser diretamente observadas.

3.3.3. Colheita de sangue

Neste estudo, foram utilizadas três populações de galinhas H'mong baseadas na cor (preta, castanha e branca). Foram recolhidas amostras de uma ave macho e de uma ave fêmea de cada agregado familiar para cada cor. Foi recolhido um total de 36 aves de três variantes de cor de penas em 3 aldeias, tendo sido utilizadas 6 amostras de cada sexo por aldeia e cor de penas. O processo de amostragem é apresentado no quadro 4.

Quadro 4: Conceção da amostragem

Feather Colour variants	Village			Total
	Phieng Cam	Chieng Noi	Chieng chan	
Black	4	4	4	12
Brown	4	4	4	12
White	4	4	4	12
Total	12	12	12	36

Foi colhida uma gota de sangue venoso da veia ulnar de cada indivíduo para um cartão FTA Micro (Whatman Co). O papel de filtro foi deixado secar, selado em sacos de alumínio e mantido à temperatura ambiente, aguardando o isolamento do ADN.

3.4. Procedimentos laboratoriais

A componente laboratorial deste trabalho foi realizada de fevereiro de 2004 a maio de 2004. O ADN foi isolado no National Institute for Animal Husbandry, Hanói, Vietname, e as amostras de ADN foram transferidas para a Alemanha para análise. A PCR e a genotipagem foram efectuadas no Institute for Animal Breeding Mariensee, Neustadt, Alemanha.

3.5.1. Extração de ADN

O isolamento do ADN foi efectuado utilizando um método modificado de extração com fenol/clorofórmio (Weigend, não publicado). O procedimento é apresentado no apêndice 3.

3.5.2. Determinação da qualidade do ADN

A concentração de ADN foi calculada pela sua densidade ótica (DO) a 260 nm. 4 µl de ADN ressuspenso em 1 ml de água destilada. A solução foi bem misturada e adicionada a uma cuvete de quartzo e inserida no espetrofotómetro.

Um valor de DO de A260 = 1 corresponde a uma concentração de ADN de 50 µg/ml. O valor de absorvância a 260 nm, que é o máximo de absorvância do ADN, foi então utilizado na fórmula para estimar a concentração de ADN no tubo original:

Concentração de ADN (µgZµl) = (50 x fator de diluição x DO (A260))/1000

Que era igual a 12,5 x DO (A260) = Concentração (µgZµl)

Em que o valor do fator de diluição é 250.

3.5.3. Loci de microssatélites

Foram utilizados vinte e nove marcadores de microssatélites sugeridos pelo projeto financiado pela Comissão Europeia de Desenvolvimento de Estratégia e Aplicação de Ferramentas Moleculares para Avaliar a Biodiversidade em Recursos Genéticos de Galinhas (BIO4 - CT98 - 0342; AVIANDIV no sítio Web: http://w3.tzv.fal.de/aviandiv/primer_table.html) (Quadro 5).

3.5.4. Procedimento PCR

O ADN foi amplificado utilizando a reação em cadeia da polimerase (PCR). As reacções multiplex que incluíam dois a cinco pares (iniciador direto marcado com um corante fluorescente IRD 700 ou IRD 800 e iniciador inverso) de iniciadores de microssatélites foram executadas numa reação de PCR (apêndice 4). Cada tubo de PCR continha 0,3 µl (10 pmolZ µl) de primer forward marcado, 0,3 µl (10 pmolZ µl) de primer reverse, 4 µl (10pmol) de multiplex Master mix (QIAGEN), entre 0 µl e 1,3 µl de água destilada (para obter 7 µl). Os ingredientes foram cuidadosamente misturados de modo a produzir uma mistura homogénea. Entre 1 µl a 2 µl de 20 ng de ADN genómico e a mistura de reação foram cobertos com 20 µl de óleo para evitar a evaporação. Os tubos de PCR foram centrifugados durante 1 minuto a 12000 rpm, após o que foram colocados nos ciclos térmicos em que foi efectuada a amplificação dos fragmentos de ADN microssatélite. Os produtos de PCR foram obtidos utilizando um termociclador autorizado (Eppendorf, Hamburgo, Alemanha).

3.5.5. Genotipagem

Os fragmentos específicos de ADN gerados pela amplificação por PCR com iniciadores de microssatélites foram visualizados como bandas por PAGE a 8%, que foram efectuadas utilizando um analisador automático de ADN LI-COR (LI-COR Biotechnology Division, Lincoln, NE 68504). Os produtos de PCR amplificados foram misturados com 4 µl do tampão de carregamento do gel contendo formamida e aquecidos durante 3 minutos a 94º C para desnaturar as amostras. Os produtos foram mantidos em gelo antes do carregamento. 0,6 µl de produto PCR de cada amostra foi carregado nos poços na parte superior do gel. Para a calibração, foram utilizados ladders padrão, que consistiam em alelos padrão. A pontuação do tamanho do alelo foi efectuada com o pacote de software RFLP scan (Scanalytics, Division of CSP, Billerica, MA).

Quadro 5: Lista e informações sobre os marcadores de microssatélites seleccionados para o estudo

Marker	Location		Annealing temperature	Allele range	Number of alleles
	Chromosome	Position			
ADL 112	10	10	58°C	120-134	8
ADL 268	1	288	60°C	102-116	8
MCW 330	17	41	60°C	256-300	11
MCW 295	4	75	58°C	88-106	10
MCW 248	1	20	60°C	205-225	11
MCW 222	3	86	60°C	220-226	4
MCW 216	13	28	58°C	139-149	6
MCW 206	2	104	60°C	221-249	15
MCW 183	7	79	67°C	296-326	14
MCW 165	23	no information	60°C	114-118	3
MCW 123	14	45	60°C	76-100	12
MCW 111	1	118	62°C	96-120	13
MCW 104	13	no information	60°C	190-234	23
MCW 103	3	210	64°C	266-270	2
MCW 98	4	217	60°C	261-265	3
MCW 081	5	123	60°C	112-135	10
MCW 080	15	49	60°C	266-282	8
MCW 078	5	93	60°C	135-147	7
MCW 069	E60C04W23	23	60°C	158-176	10
MCW 067	10	61	60°C	176-186	6
MCW 037	3	317	66°C	154-160	4
MCW 034	2	230	60°C	212-246	18
MCW 020	1	460	60°C	179-185	4
MCW 016	3	96	55°C	162-206	15
MCW 014	6	96	55°C	164-182	10
LEI 234	2	50	55°C	216-364	23
LEI 166	3	300	62°C	354-370	8
LEI 094	4	153	62°C	247-287	21
ADL 278	8	87	62°C	114-126	7

3.5.1. Dados do inquérito

Os conjuntos de dados de crescimento (peso corporal) foram submetidos ao procedimento de análise de variâncias (ANOVA) utilizando o procedimento de modelo linear geral (GLM) no programa SAS (SAS, 1999). A análise de variância foi utilizada para identificar as fontes de variação do peso corporal por grupo etário. O modelo utilizado foi o seguinte:

$$y_{ijklm} = \mu + v_i + f_j + a_k + s_l + (v*f)_{ij} + (v*a)_{ik} + e_{ijklm}$$

Onde: y_{ijklm} é a observação individual

μ é a média da população

v_i é o efeito da aldeia (i = 1,2,3)

f_j é o efeito da cor da pena (j = 1,2,3)

a_k é o efeito do grupo etário (k = 1,2,3,4,5,6)

s_l é o efeito do sexo (l = 1,2)

$(v*f)_{ij}$ é o efeito de interação da aldeia e da cor da pena

$(v*a)_{ik}$ é o efeito de interação da aldeia e do grupo etário

e_{ijklm} é o erro aleatório residual

Os três grupos etários considerados foram os pintos (um dia a 8 semanas), os adultos (9 semanas a 20 semanas), os galos e as galinhas (21 semanas e mais).

A análise de variância foi utilizada para identificar as fontes de variação do desempenho de postura das frangas em termos de idade estimada no início da postura, peso dos ovos, tamanho da ninhada e eclodibilidade do modelo:

$$Y_{ijk} = \mu + v_i + f_j + e_{ijk}$$

Onde: Y_{ijk} é a observação individual μ é a média da população

v_i é o efeito da aldeia (i = 1,2,3)

f_j é o efeito da cor da pena (j = 1,2,3) e_{ijk} é o erro aleatório residual

3.5.2. Dados laboratoriais

O conjunto de dados de microssatélites foi formatado utilizando o kit de ferramentas de microssatélites para MS Excel 97 ou 2000 (Park, 1999).

Medição da variação genética nas populações

O número observado de alelos em cada locus em cada amostra e a respectiva frequência alélica foram contados utilizando o FSTAT versão 2.9.3 (Goudet, 2001). A heterozigotia média observada e as estimativas de heterozigotia esperada (sob o pressuposto de que a população está em equilíbrio de Hardy-Weinberg) (Nei, 1987) para cada população e globalmente foram calculadas com o kit de ferramentas de microssatélites e o pacote de software FSTAT versão 2.9.3. A heterozigotia observada num locus é dada pela contagem direta do número de heterozigotos na amostra dividida pelo número de indivíduos tipados no locus. Foi efectuada uma estimativa não enviesada da heterozigotia esperada (Nei, 1987).

$$H = \left[\frac{2n}{2n-1} \right] \left[1 - \sum_{i=1}^{k} (x_i^2) \right]$$

Onde:^{n} é o número de indivíduos^x é a frequência dos alelos no locus 1,^{k} é o número de alelos no locus 1

A estatística F remonta a Wright, mas o FSTAT baseia-se no método de Weir e Cockerham (1984). Os valores de Fis (coeficiente de endogamia) por cada locus e amostra e Fit, Fis foram estimados utilizando as versões 2.9.3 do FSTAT e 3.4 do Genepop (Raymond e Rousset, 2004). Um teste de qui-quadrado para testar o equilíbrio de Hardy-Weinberg estimado para cada locus e globalmente foi efectuado utilizando Genepop versão 3.4.

Medição da variação genética entre populações

As relações genéticas entre as populações e as variantes de cor das penas foram determinadas pelo estimador multilócus de Fst (proporção da variabilidade genética devida a diferenças populacionais) entre todos os pares de amostras (Weir e Cockerham, 1984) e foram efectuados testes de diferenciação por pares para cada par de amostras utilizando o FSTAT 2.9.3. Para cada par de amostras, os genótipos multi-locus foram aleatorizados entre duas amostras e foram efectuadas 3000 permutações.

Com base na genotipagem por microssatélites, foram utilizados três métodos diferentes de cálculo das distâncias genéticas: a distância genética padrão de Nei (Nei, 1972), a medida de corda de Cavalli - Sforza (Cavalli - Sforza e Edward, 1967) e a distância genética de Reynolds (Reynolds et al., 1983), utilizando o pacote informático Phylip versão 3.5 (Felsenstein, 1993). As três medidas de distância genética utilizadas têm pressupostos algo diferentes. A distância de Nei pressupõe que a variabilidade genética da população está em equilíbrio entre a mutação e a deriva genética. As outras duas distâncias genéticas assumem que não há mutação e que todas as mudanças de frequência genética são apenas por deriva genética. A distância genética padrão de Nei (1972) foi utilizada para desenhar a árvore.

A distância genética padrão D, de acordo com Nei (1972), é descrita como

$$D = -\ln\left[\frac{\sum_{m}\sum_{i} p_{1mi} p_{2mi}}{\left[\sum_{m}\sum_{i} p_{1mi}^2\right]^{1/2}\left[\sum_{m}\sum_{i} p_{2mi}^2\right]^{1/2}}\right]$$

Onde: m é a soma dos loci, i é a soma dos alelos no m-ésimo locus,
p_{1mi} é a frequência do i-ésimo alelo no m-ésimo locus na população 1,
p_{2mi} é a frequência do i-ésimo alelo no m-ésimo locus na população 2.

Cavalli-Storza's chord genetic distance (Cavalli-Sforza e Edwards, 1967) é calculada como:

$$D^2 = 4\sum_{m}\left[\frac{1-\sum_{i} p_{1mi}^{1/2} p_{2mi}^{1/2}}{\sum_{m}(a_m - 1)}\right]$$

Onde: m indexa os loci, i é a soma dos alelos no m-ésimo locus, a é o número de alelos no m-ésimo locus, p_{1mi} é a frequência do i-ésimo alelo no m-ésimo locus na população 1 e p_{2mi} é a frequência do i-ésimo alelo no m-ésimo locus na população 1.

A distância genética de Reynolds (Reynolds et al., 1983) é ilustrada como:

$$D^2 = \frac{\sum_{m}\sum_{i}[p_{1mi} - p_{2mi}]^2}{2\sum_{m}\left[1-\sum_{i} p_{1mi} p_{2mi}\right]}$$

Onde: m indexa os loci, i é a soma dos alelos no m-ésimo locus, a é o número de alelos no m-ésimo locus, p_{1mi} é a frequência do i-ésimo alelo no m-ésimo locus na população 1 e p_{2mi} é a frequência do i-ésimo alelo no m-ésimo locus na população 1.

A distância genética padrão de Nei (Nei, 1972) foi amplamente utilizada para as populações (Maudet, 2002; Eding e Laval, 1998). Esperava-se que as árvores construídas com esta distância genética permitissem traçar uma filogenia fiável das espécies (Eding e Laval, 1998). O método Neighbour Joining (NJ) também fornece valores de bootstrap mais elevados na maioria dos casos, sendo aconselhável a utilização do método NJ (Eding e Laval, 1998; Nei, 1987). Com base na distância genética padrão de Nei (1972), as árvores filogenéticas foram reconstruídas utilizando o método Neighbor - joining (Saitou e Nei, 1987) e o pacote informático Phylip versão 3.5. Foram efectuadas 1000 reamostragens para testar a robustez da árvore.

Capítulo 4

4 Resultados

4.5. Alojamento, alimentação, gestão e utilização de produtos de frango

4.1.1. Habitação

Os resultados mostraram que todos os agregados familiares inquiridos em Chieng Chan tinham casas para as suas galinhas, enquanto que em Chieng Noi e Phieng Cam, 90% e 66,67% tinham casas, respetivamente. À noite, as galinhas sem abrigo empoleiravam-se principalmente à volta da casa do agricultor, onde eram colocados alguns postes ou varas de madeira (Fig. 2) ou em árvores por detrás das propriedades dos agricultores.

Fig. 2: Galinha H'mong empoleirada atrás da propriedade do agricultor à noite
(Fonte: Autor)

As estruturas habitacionais eram feitas de postes de madeira ou de bambu. Os telhados eram cobertos com ervas (Fig. 3). Embora se construíssem galinheiros, algumas galinhas preferiam dormir fora dos galinheiros, como por exemplo no telhado do galinheiro (Fig. 4).

Fig. 3: **Estrutura do alojamento das galinhas H'mong** (Fonte: Autor)

Fig. 4: **Galinha H'mong empoleirada no telhado da sua casa à noite** (Fonte: Autor)

Todos os galinheiros observados tinham provisões para galinhas poedeiras com ninhos suspensos (Fig. 5). O ninho das galinhas não alojadas foi colocado atrás da propriedade do agricultor (Fig. 6). Os ninhos eram feitos de bambu e com palha no interior.

Fig. 5: **Ninho suspenso de galinha H'mong** (Fonte: Autor)

Fig. 6: Ninho de galinha H'mong atrás da propriedade do agricultor (Fonte: Autor)

4.1.2. *Alimentação*

Todas as galinhas procuram cereais, sementes de ervas daninhas, insectos, vermes e várias ervas na floresta (Fig. 7) e nas lixeiras das aldeias (Fig. 8). Todos os agricultores das três aldeias deram às suas galinhas um suplemento de milho inteiro, duas vezes por dia, de manhã e à tarde. A quantidade de suplemento dado não foi medida e variou para todo o bando em qualquer altura da alimentação. Os pintos competiam pelo mesmo suplemento com as aves mais velhas e também com os porcos (Fig. 9).

Fig. 7: Galinha H'mong a esgravatar na floresta (Fonte: Autor)

Fig. 8: Galinha H'mong a esgravatar nas lixeiras da aldeia (Fonte: Autor)

Fig. 9: Suplemento de milho para galinhas H'mong (Fonte: Autor)

4.1.3. Gestão

Todos os agregados familiares entrevistados declararam que as mulheres eram proprietárias de galinhas. Por conseguinte, as entrevistas foram efectuadas com as mulheres. Antes da realização do inquérito, as galinhas não eram contadas, mas os pintos eram chocados. A informação que o agricultor obteve foi a seguinte: quando foi a primeira postura, quantos ovos e quantos pintos nasceram. Esta informação foi fornecida porque as galinhas deitavam e chocavam nos seus ninhos, de modo que é fácil para os agricultores obterem os dados e essa é a informação que interessa aos agricultores. O resultado do inquérito indicou que todos os agregados familiares não dispunham de informação sobre a sobrevivência das galinhas. As vacinas e os medicamentos veterinários não eram utilizados em todos os agregados familiares.

4.1.4. Utilização de produtos de frango

Todos os agregados familiares entrevistados indicaram que a carne de galinha era utilizada para consumo doméstico. As galinhas eram maioritariamente abatidas para convidados especiais (Fig. 10), mas também durante reuniões cerimoniais, tais como festas de casamento, bodas ou funerais. Em especial, a carne de frango é um alimento indispensável na refeição da mulher durante o primeiro mês após o parto. Tradicionalmente, as famílias H'mong abatem a galinha quando chegam convidados ou durante cerimónias. Nessas ocasiões, o arroz e a carne de galinha, bem como a colheita de legumes na floresta, são alimentos que fazem parte das refeições das famílias H'mong. Os agricultores referiram que nunca vendem galinhas para obter dinheiro.

Fig. 10: Carne de frango H'mong utilizada para convidados especiais (Fonte: Autor)

Todos os detentores entrevistados declararam que não vendiam os ovos e que o costume do povo H'mong é não comer ovos de galinha. Por conseguinte, todos os ovos postos foram guardados para incubação

4.2. Relação input - output

As galinhas eram propriedade de agregados familiares individuais e eram mantidas num sistema de recolha, com poucos ou nenhuns factores de produção para alojamento, alimentação ou cuidados de saúde. O bando, a mão de obra (mulheres), a alimentação suplementar (milho) e o alojamento, que podem ser considerados como factores de produção de valor de mercado do sistema de produção, podem ser avaliados com base no preço de mercado. O milho era vendido no mercado local a um preço de 800000 VND (54,00US$)/tonelada. No mercado de Hanói, que fica a cerca de 300 km de distância das aldeias inquiridas, os pintos H'mong são vendidos ao preço de 5000 VND (0,33 US$) por pinto. O principal fator de produção sem valor de mercado nas três aldeias foram os recursos alimentares de recolha (SFR), uma vez que as principais fontes de alimentação são constituídas por materiais provenientes do ambiente circundante. O produto com valor de mercado do sistema de produção prevalecente era o frango e os seus produtos (ovos e carne), que também podiam ser avaliados com base no preço de mercado, para as famílias de agricultores. No mercado de Hanói, a carne de galinha H'mong é vendida ao preço de 38000 VND (2,40 US$)/kg, enquanto o preço da carne de outras galinhas e da carne de raças exportadas é de 25000 VND (1,60 US$)/kg e 15000 VND (1,00 US$)/kg, respetivamente. O ovo H'mong também é vendido a um preço de 1000 VND (0,07 US$)/unidade. As principais produções de valor não comercializado são as funções religiosas das galinhas. A vida da tribo minoritária H'mong é indispensável sem o canto do galo. O relógio não é utilizado nos agregados familiares H'mong. A hora era estimada pela luz do sol durante o dia e pelo canto do galo à noite. As outras produções de valor não comercializado das galinhas H'mong são o estrume para fertilizar a terra, o controlo das carraças do gado e a conservação da biodiversidade. A Figura 11 mostra a relação entre o input e o output do sistema de produção em três aldeias.

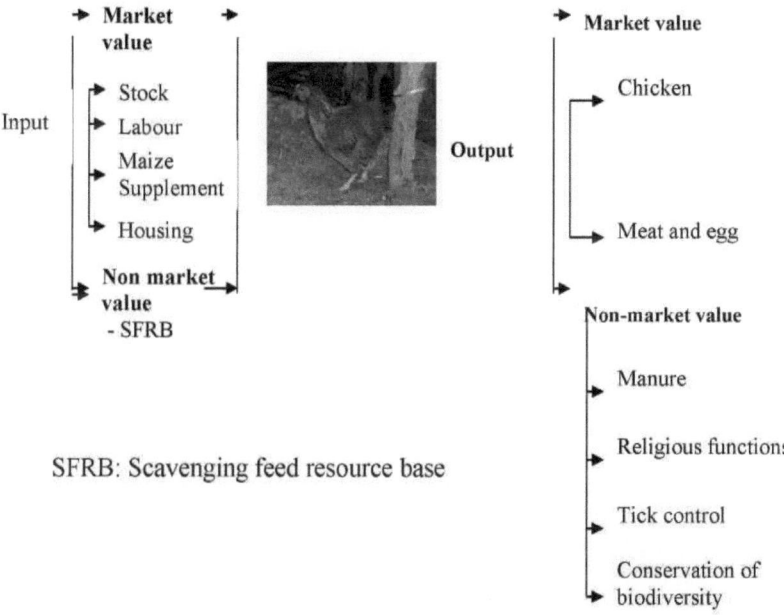

Fig. 11: Relação input - output no sistema de produção de frangos H' mong em três aldeias

Os inputs com valor de mercado são inputs que têm um valor em termos de custos de oportunidade **Os outputs com valor de mercado** são bens consumidos nas famílias rurais

Os inputs e outputs sem valor de mercado são bens gratuitos do ponto de vista do agricultor

4.3. Caracterização fenotípica
4.3.1. Características do bando

O número total de galinhas observadas no estudo foi de 794. A dimensão média dos bandos por agregado familiar era de 14,44 ± 7,38 aves. A proporção de galinhas por grupo etário estimado nas três aldeias é apresentada no Quadro 6.

Todos os agricultores inquiridos nas três aldeias referiram que criavam galinhas H'mong. As três variantes de cor das penas estavam misturadas no agregado familiar. Das 794 galinhas inquiridas, verificou-se uma frequência de 38,66% de galos e galinhas em crescimento, 36,02% de galos e 36,02% de galinhas e apenas 25,31% de galinhas em grupo. A proporção entre os sexos foi de um galo para 1,5 galinhas.

Quadro 6: Proporção (%) de galinhas por grupo etário estimado em três aldeias

Age group	Location			Total
	Phieng Cam (n=467)	Chieng Noi (n=142)	Chieng Chan (n=185)	(n=794)
Chicks (Up to 8 weeks)	28.05	30.28	14.59	25.31
Growers (9 – 20 weeks)	37.04	34.51	45.95	38.66
Cocks and hens (21 weeks and more)	34.90	35.21	39.46	36.02

4.3.2. Origem das aves inquiridas

A origem das aves inquiridas nos agregados familiares das três aldeias é apresentada no Quadro 7. 86,67% dos agregados familiares inquiridos indicaram que as galinhas foram criadas no seu próprio bando. 7,78% dos agregados familiares mencionaram que as galinhas eram presentes dos vizinhos e 5,56% dos agregados familiares declararam que as galinhas eram presentes de familiares. Estas galinhas serviram como animais de criação. Isto é particularmente verdade para os novos colonos ou agregados familiares que abatiam todos os seus frangos para consumo doméstico. Em Chieng Noi, as galinhas eram substituídas apenas pelo seu próprio bando. As galinhas eram abatidas e utilizadas para consumo doméstico com base em critérios: baixa produtividade, velhice ou doença. A reprodução era controlada entre os frangos de recolha.

Quadro 7: Proporção (%) de agregados familiares por origem da ave inquirida em três aldeias

Village	Number of household	Source of stock		
		Own flock	Neighbour	Relative
Phieng Cam	30	73.33	16.67	10.00
Chieng Noi	10	100.00	0.00	0.00
Chieng Chan	15	86.67	6.67	6.67
Overall	55	86.67	7.78	5.56

4.3.3. Descrição do frango

O resultado do inquérito indicou que havia dois tipos de forma de pente. O pente simples (Fig. 12) dominou com uma frequência de 96,42% das galinhas inquiridas, enquanto a frequência da forma de pente rosa (Fig. 13) foi de 3,58%.

Fig. 12: Forma de pente simples (Fonte: Autor)

Fig. 13: Forma do favo de rosa (Fonte: Autor)

A frequência da cor das penas, da pele, da perna e do bico é apresentada no quadro 8. As três variantes de cor das penas foram o preto (Fig. 14), o castanho, incluindo multicolor (Fig. 15) e o branco (Fig. 16). A cor da pena castanha, incluindo multicolor, foi dominante na população, com 70,03%. As frequências das variantes de cor da pena preta e de cor da pena branca foram de 15,62% e 14,36%, respetivamente.

Fig. 14: Galinha H'mong de penas pretas (Fonte: Autor)

Foram observadas duas cores de pele: a pele preta (Fig. 17) e a pele amarela (Fig.

Fig. 15: Galinha H'mong de penas castanhas, incluindo multicor (Fonte: Autor)

Fig. 16: Galinha H'mong de penas brancas (Fonte: Autor)

Foram observadas duas cores de pele: a pele preta (Fig. 17) e a pele amarela (Fig. 18). A frequência da cor de pele amarela predominou com 94,71%.

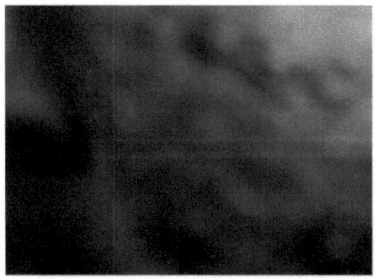

Fig. 17: Pele preta de galinha H'mong (Fonte: Autor)

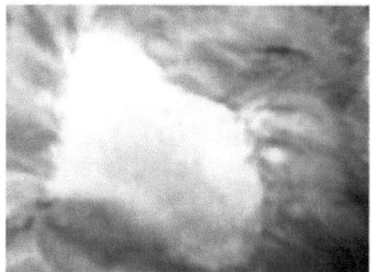

Fig. 18: Pele amarela de galinha H'mong (Fonte: Autor)

A cor da perna foi principalmente preta (Fig. 19) com uma frequência de 95,59%, e a outra foi amarela (Fig. 20). As cores do bico foram o preto (Fig. 21) e o amarelo (Fig. 22), em que a cor preta predominou com uma frequência de 96,85%.

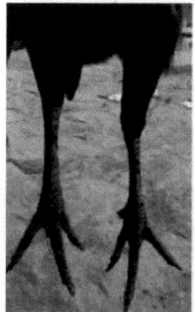

Fig. 19: Perna preta de galinha H'mong (Fonte: Autor)

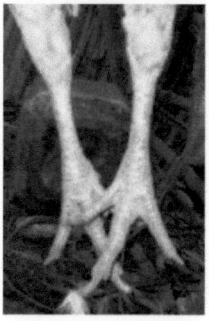

Fig. 20: Perna amarela de galinha H'mong (Fonte: Autor)

Fig. 21: Bico preto de galinha H'mong (Fonte: Autor)

Fig. 22: Bico amarelo de galinha H'mong (Fonte: Autor)

Quadro 8: Frequência (%) da cor da pena, da pele, da perna e do bico em três aldeias

Location	n	Feather colour			Skin colour		Leg colour		Beak colour	
		Black	Brown*	White	Black	Yellow	Black	Yellow	Black	Yellow
Phieng Cam	446	14.78	70.66	14.56	4.5	95.5	94.65	5.35	96.57	3.43
Chieng Noi	142	18.31	65.49	16.20	9.86	90.14	95.77	4.23	96.48	3.52
Chieng chan	185	15.68	71.89	12.43	3.78	96.22	97.84	2.16	97.84	2.16
Overall	749	15.62	70.03	14.36	5.29	94.71	95.59	4.41	96.85	3.15

*Castanho, *incluindo multicolor*

4.3.4. Produtividade

4.3.4.1. Crescimento

O efeito da aldeia, do grupo etário e do sexo no peso corporal dos frangos é apresentado no Quadro 9. O peso corporal dos frangos em Chieng Chan foi diferente (P<0,05) dos de Phieng Cam e Chieng Noi. O teste também mostrou que o peso corporal das três variantes de cor não era diferente (P>0,05). Como esperado, a diferença de peso corporal por sexo foi significativa (P<0,05).

Tabela 9. Efeito da aldeia, do grupo etário e do sexo no peso corporal dos frangos

Factor		n	LSM	SE
Village	Phieng Cam	467	919.85^a	15.94
	Chieng Noi	142	913.16^a	25.63
	Chieng Chan	185	839.06^b	25.40
Age group	Chicks	201	227.32^c	100.84
	Growers	307	827.12^b	51.82
	Hens and cocks	286	1617.63^a	52.58
Sex	Male	235	997.86^a	52.44
	Female	354	866.46^b	51.31

^{ab}os valores dentro de uma linha, com diferentes sobrescritos, mostram a presença de uma diferença significativa ao nível de 5%

4.3.4.2. Reprodução

As médias dos mínimos quadrados (LSM) do desempenho das galinhas basearam-se nas informações dos criadores, com a separação do peso dos ovos, que foi registado em três aldeias (Quadros 10 e 11). Não houve diferença (P<0,05) entre as aldeias quanto à maturidade sexual estimada das fêmeas reprodutoras e ao número de ovos por ninhada. A idade estimada para o início da postura foi de 28 semanas e o número médio de ovos por ninhada foi de 12 ovos. Não houve diferença em nenhum dos parâmetros para os diferentes fenótipos por cor.

Quadro 10: Efeito da localização na reprodução

Parameter	Phieng Cam			Chieng Noi			Chieng Chan		
	n	LSM	SE	n	LSM	SE	n	LSM	SE
Estimated age at start of laying (weeks)	46^1	28.72^a	0.15	13^1	28.46^a	0.28	13^1	28.62^a	0.28
Egg weight (g)	79^2	41.56^a	0.16	21^2	40.17^b	0.33	15^2	41.69^a	0.35
Mean egg number/clutch	61^3	12.53^a	0.64	13^3	12.80^a	1.08	22^3	12.90^a	0.90
Hatchability (%)	39^4	81.69^a	1.62	11^4	84.72^a	2.59	16^4	84.39^a	2.45

^{ab}os valores dentro de uma linha, com diferentes sobrescritos, mostram a presença de uma diferença significativa ao nível de 5%
^{1} Número de galinhas observadas, ^{2} Número de ovos pesados, ^{3} Número de ninhadas entrevistadas, ^{4} Número de ninhadas de ovos criadas

Quadro 11: Efeito das variantes de cor das penas na reprodução

Parameter	Black			Brown and multicolour			White		
	n	LSM	SE	n	LSM	SE	n	LSM	SE
Estimated age at start of laying (weeks)	13[1]	28.45[a]	0.29	46[1]	28.59[a]	0.18	13[1]	28.79[a]	0.29
Egg weight (g)	31[2]	41.53[a]	0.26	60[2]	40.90[a]	0.21	24[2]	40.99[a]	0.32
Mean egg number/clutch	9[3]	13.01[a]	1.26	65[3]	12.97[a]	0.60	22[3]	12.26[a]	0.85
Hatchability (%)	5[4]	83.22[a]	3.69	43[4]	84.64[a]	1.31	18[4]	82.94[a]	2.14

[a] não mostra a presença de diferença significativa ao nível de 5%

[1]: Número de galinhas observadas, [2]: Número de ovos pesados, [3]: Número de ninhadas entrevistadas, [4] Número de ninhadas de ovos criadas

4.4. Caracterização genética

4.4.1. Distribuição dos alelos das marcas de microssatélites

As características observadas de 29 loci de microssatélites utilizados em 36 indivíduos, que são amostras aleatórias de 794 galinhas estudadas, são apresentadas no quadro 12. O número de alelos observados para os diferentes marcadores de microssatélites por populações e variantes de cor das penas é apresentado no quadro 13.

Foi observado um total de 186 alelos em todas as populações de 29 loci inquiridos. O número médio de alelos em todos os loci foi de 6,42 ± 3,25 e variou de 2 em MCW103 e MCW222 a 15 em LEI234. Dentro de um marcador, o intervalo do tamanho do alelo variou de uma diferença de 2 pares de bases (pb) (220 - 222 pb) para o locus MCW222 a 144 pb (220 - 364 pb) para o locus LEI 234. Uma amostra de ADN da população de cor preta de Chieng Noi não amplificou para MCW 222. Vinte e quatro dos vinte e nove marcadores tipados apresentaram intervalos de tamanho de alelos observados dentro dos intervalos registados para os marcadores de microssatélites no AVIANDIV. MCW098, MCW081 e MCW 020 tinham, no entanto, um alelo maior do que o intervalo registado. O MCW295 e o MCW014 tinham dois alelos (alelo 108 e alelo 110 para o MCW 295, alelo 158 e alelo 186 para o MCW 014) não registados no AVIANDIV. Em 21 dos 29 loci, foi encontrado um total de 13, 16 e 15 alelos privados na população de Phieng Cam, na população de Chieng Noi e na população de Chieng

Chan, respetivamente, e um total de 14, 13 e 11 alelos privados, respetivamente, eram específicos das variantes de cor das penas pretas, castanhas e brancas.

Quadro 12: Características dos loci de microssatélites: número de alelos registado e observado e intervalos de pares de bases

Locus	Reported allele range (bp)	Reported No of alleles	Observed No of alleles	Observed allele range (bp)	Observed allele size range (bp)
ADL 112	120-134	8	5	124-132	124^{3}126 128^{1r} 130 132^{2l}
ADL 268	102-116	8	6	104-116	104 108 110 112^3 114 116
MCW 330	256-300	11	5	258-290	258 270 278 288 290
MCW 295	88-106	10	8	90-110	90^3 92 98 100 104 106 108^r 110^{3r}
MCW 248	205-225	11	5	215-223	215 217 219 221^3 223
MCW 222	220-226	4	2	220-222	220 222
MCW 216	139-149	6	4	141-147	141 143 145 147^{2l}
MCW 206	221-249	15	7	221-243	221^2 223 227^{2l} 229 231 233 243
MCW 183	296-326	14	8	296-320	296 298 302 304 306^{1r} 312 318 320^w
MCW 165	114-118	3	3	114-118	114 116 118
MCW 123	76-100	12	9	76-98	76 82 84 86^1 88 90 92 94 98^{3l}
MCW 111	96-120	13	7	100-114	100 102 104 106 108^2 110 114
MCW 104	190-234	10	11	190-230	190 194^{3r} 196^{2r} 200 202 206 210^{3l} 222^{2w}224 226 230^{2w}
MCW 103	266-270	2	2	266-270	266 270
MCW 98	261-265	3	3	263-267	263 265 267^{1w}
MCW 081	112-135	10	5	114-143	114 116 121 135 143^{2w}
MCW 080	266-282	8	8	266-282	266 268 270^{ll} 272 276^{3w} 278 280 282
MCW 078	135-147	5	3	139-143	139 141 143
MCW 069	158-176	10	9	158-176	158 162 164 166 168^1 170 172 174^{2r} 176^w
MCW 067	176-186	6	4	178-184	178 180 182 184
MCW 037	154-160	4	3	154-158	154 156 158
MCW 034	212-246	18	11	214-242	214^{1r} 220 222^w 224^{2w} 226 228 230 232 238 240 242^{ll}
MCW 020	179-185	4	5	179-187	179 181 183 185 187^1
MCW 016	162-206	15	7	170-184	170 172 174 178 180 182^{1r} 184^{3w}
MCW 014	164-182	23	8	158-186	158^{3r} 164 168 170^{1w} 174 176 178 186^{3l}
LEI 234	216-364	23	15	220-364	220 268^{3l} 276 284^{3l} 288 292 296 300 304 308 312 344^2 356^{ll} 360^{2r} 364^r
LEI 166	354-370	8	5	356-366	356 360 362^l 364 366
LEI 094	247-287	21	13	247-283	247^{ll} 249 255^3 259^2 261 263^w 265 267^2 269^{2l} 273^w 279 281^{2r} 283
ADL 278	114-126	7	5	114-124	114 118 120 122 124

^{1,2,3}Alelos privados para a população de Phieng Cam, a população de Chieng Noi e a população de

Chieng Chan.^{l,r,w} :Alelos privados para o dorso, castanho, incluindo multicolorido, cor da pena branca

Tabela 13: Número de alelos observados em cada marcador de microssatélites por populações e por variantes de cor das penas

Locus	Population				Feather colour variants			
	Phieng Cam	Chieng Noi	Chieng Chan	Mean allele/ locus (SD)	Black	Brown*	White	Mean allele/ locus (SD)
ADL112	3	3	3	3.00 (0.0)	4	4	2	3.33 (1.15)
ADL268	5	5	5	5.00(0.0)	6	6	4	5.33 (1.15)
MCW330	5	5	5	5.00 (0.0)	4	5	4	4.33 (0.58)
MCW295	5	5	8	6.00 (1.73)	5	8	6	6.33 (1.53)
MCW248	4	4	5	4.33 (0.58)	4	5	4	4.33 (0.58)
MCW222	2	2**	2	2.00 (0.0)	2*	2	2	2.00 (0.0)
MCW216	3	3	3	3.00 (0.0)	4	3	2	3.00 (1.0)
MCW206	4	7	5	5.33 (1.53)	6	6	5	5.66 (0.58)
MCW183	8	3	6	5.66 (2.5)	6	5	6	5.66 (0.58)
MCW165	2	3	3	2.66 (0.58)	3	3	3	3.00 (0.0)
MCW123	7	7	8	7.3 3(0.58)	7	8	7	7.33 (0.58)
MCW111	5	7	4	5.33 (1.53)	7	6	7	6.66 (0.58)
MCW104	5	8	8	7.00 (1.73)	7	9	6	7.33 (1.53)
MCW103	2	2	2	2.00 (0.0)	2	2	2	2.00 (0.0)
MCW098	3	2	2	2.33 (0.58)	2	2	3	2.33 (0.58)
MCW081	4	5	4	4.33 (0.58)	4	4	5	4.33 (0.58)
MCW080	7	5	6	6.00 (1.0)	6	5	6	5.00 (0.58)
MCW078	3	3	3	3.00 (0.0)	3	3	3	3.00 (0.0)
MCW069	8	8	5	7.00 (1.73)	6	7	8	7.00 (1.0)
MCW067	4	4	4	4.00 (0.0)	4	4	4	4.00 (0.0)
MCW037	3	3	3	4.00 (0.0)	3	3	3	3.00 (0.0)
MCW034	6	9	6	7.00 (1.73)	8	8	6	7.33 (1,15)
MCW020	4	4	4	4.00 (0.0)	4	5	5	4.66 (0.58)
MCW016	6	5	5	5.33 (0.58)	4	6	6	4.66 (1.15)
MCW014	6	5	7	6.00 (1.0)	6	6	5	5.66 (0.58)
LEI234	9	11	9	9.66 (1.15)	13	10	9	10.66 (2.08)
LEI166	4	5	5	4.66 (0.58)	5	3	4	4.00 (1.0)
LEI094	6	11	7	8.00 (2.65)	10	8	9	9.00 (1.0)
ADL278	5	4	4	4.33 (0.58)	3	4	5	4.00 (1.0)
Total	138	148	141		148	150	141	
Mean SD	4.76 (1.86)	5.10 (2.48)	4.86 (1.94)		5.10 (2.44)	5.17 (2.20)	4.90 (2.0)	

* Castanho e multicolorido, **O número de indivíduos genotipados é onze

4.4.2. Diversidade genética e teste de Hardy-Weinberg

As heterozigosidades observadas e esperadas, Fis e o teste de equilíbrio de Hardy-Weinberg para três populações e 29 microssatélites são apresentados nas Tabelas 14 e 15.

Tabela 14: Heterozigosidade observada e esperada, Fis, Fst e teste HWE em cada marcador por população

Locus	Ho	He	Fis	Fit	Fst	Test HWE
ADL112	0.444	0.508	0.124	0.118	-0.007	NS
ADL268	0.750	0.768	0.023	-0.006	-0.030	NS
MCW330	0.667	0.662	-0.008	0.046	0.053	NS
MCW295	0.639	0.660	0.033	0.026	-0.006	NS
MCW248	0.639	0.705	0.093	0.098	0.005	NS
MCW222	0.258	0.460	0.444	0.455	0.019	NS
MCW216	0.361	0.379	0.047	0.028	-0.020	NS
MCW206	0.806	0.668	-0.206	-0.144	0.052	NS
MCW183	0.611	0.562	-0.088	-0.066	0.020	NS
MCW165	0.528	0.630	-0.066	0.169	0.008	NS
MCW123	0.667	0.828	0.195	0.202	0.009	*
MCW111	0.722	0.672	-0.075	0.050	0.117	NS
MCW104	0.778	0.749	-0.039	-0.032	0.006	NS
MCW103	0.528	0.500	-0.056	-0.065	-0.009	NS
MCW098	0.472	0.378	-0.251	-0.212	0.031	NS
MCW081	0.444	0.472	0.059	0.025	-0.036	NS
MCW080	0.556	0.628	0.115	0.288	0.196	NS
MCW078	0.528	0.564	0.065	0.110	0.049	NS
MCW069	0.806	0.790	-0.019	0.039	0.057	NS
MCW067	0.667	0.678	0.017	0.049	0.033	NS
MCW037	0.500	0.640	0.219	0.274	0.070	NS
MCW034	0.722	0.736	0.019	0.032	0.013	NS
MCW020	0.722	0.721	-0.002	0.016	0.017	NS
MCW016	0.639	0.668	0.043	0.061	0.019	NS
MCW014	0.750	0.802	0.061	0.033	-0.034	NS
LEI234	0.750	0.896	0.163	0.174	0.013	*
LEI166	0.528	0.643	0.179	0.206	0.033	NS
LEI094	0.972	0.845	-0.151	-0.126	0.022	NS
ADL278	0.556	0.630	0.118	0.095	-0.026	NS
Mean	0.621	0.650	0.044	0.069	0.026	

NS: Valor não significativo (P> 0,05), * Valor significativo (P≤ 0,05)

Tabela 15: Número médio de alelos/locus, heterozigotia observada e esperada, Fis e teste HWE por população

Population	Mean alleles/locus	Ho	He	Fis	HWE
Phieng Cam	4.79 (1.95)	0.603 (0.026)	0.650 (0.025)	0.074	NS
Chieng Noi	5.10 (2.48)	0.668 (0.025)	0.668 (0.029)	0.001	NS
Chieng Chan	4.86 (1.94)	0.592 (0.026)	0.627 (0.029)	0.059	NS

O número no estudo de pares é o desvio padrão, NS: Não significativo

O teste do Qui-quadrado indicou que, de 29 marcadores de microssatélites testados, dois marcadores de microssatélites (MCW123 e LEI234) desviaram-se (P<0,05) do equilíbrio de Hardy-Weinberg (Tabela 14). As populações testadas não apresentaram desvios (P>0,05) do equilíbrio de Hardy-Weinberg (Tabela 15).

A heterozigotia média observada foi de 60,34%, 66,75% e 59,2%, enquanto a heterozigotia esperada foi de 64,98%, 66,80% e 62,74% nas populações de Phieng Cam, Chieng Noi e Chieng Chan, respetivamente. Os valores do coeficiente de consanguinidade (Fi) calculados em cada população, em média nos loci, foram de 0,074, 0,001 e 0,059 nas populações de Phieng Cam, Chieng Noi e Chieng Chan, respetivamente. O coeficiente médio geral de consanguinidade (Fi) foi baixo (0,044). Os valores globais de Fit e Fst foram 0,069 e 0,026, respetivamente.

4.4.3. Diferenciação e relação entre as populações

São calculados os valores de diferenciação par a par entre as populações e as variantes de cor das penas (quadros 16 e 17).

Os valores de Fst mostraram que há pouca divergência populacional (1,05%, 3,43% e 3,34%) entre populações e (0%, 0,86% e 1,32%) entre variedades de cores de penas diferentes. O valor mais baixo de Fst foi registado entre a população de Phieng Cam e a população de Chieng Noi, situadas em dois locais vizinhos. Foram observadas diferenças significativas (P<0,05) entre a população de Chieng Chan, a população de Phieng Cam e a população de Chieng Noi. Por outro lado, não houve diferença significativa (P>0,05) entre as três variantes de cor. A distância genética mais próxima foi encontrada entre a população Phieng Cam e a população Chieng Noi.

Tabela 16: Comparação Fst entre populações (diagonal superior) e valor P (diagonal inferior) obtidos após 3000 permutações

Population	Phieng Cam	Chieng Noi	Chieng Chan
Phieng Cam		0.0105	0.0343
Chieng Noi	NS		0.0334
Chieng Chan	*	**	

"NS" significa não-significativo, "" significa significância ao nível de 5%, "**" significa significância ao nível de 1%.*

Quadro 17: Comparação Fst entre variantes de cor das penas (diagonal superior) e valor P (diagonal inferior) obtidos após 3000 permutações

Feather colour	Black	Brown	White
Black		-0.0001	0.0086
Brown	NS		0.0132
White	NS	NS	

"NS" significa não significativo

4.4.4. Distância genética e árvore filogenética

Foram utilizados três métodos diferentes de distância genética: O padrão genético de Nei (Nei, 1972), a medida de acordo de Cavalli-Sforza (Cavalli - Sforza e Edward, 1967) e a distância genética de Reynolds (Reynolds et al., 1983). Estas três medidas baseiam-se em frequências alélicas e em diferentes pressupostos. Foram utilizadas três medidas para todos os pares de populações e variantes de cor das penas. Os resultados são apresentados nos quadros 18 e 19.

Relativamente aos pares de populações, a distância genética mais próxima foi entre a população de Phieng Cam e a população de Chieng Noi para as três estimativas: 0,1013-Nei's, 0,074- Cavalli- Sforza's e 0,0534-Reynold's. Relativamente aos pares de variantes de cor das penas, as distâncias genéticas entre as variantes de cor das penas eram próximas.

Tabela 18: Matrizes de distância genética entre todos os pares de populações

Population	Chieng Chan			Chieng Noi		
	Nei	Cavalli–Sforza	Reynold	Nei	Cavalli–Sforza	Reynold
Phieng Cam	0.1519	0.0932	0.0820	0.1013	0.0747	0.0534
Chieng Noi	0.1436	0.0810	0.0762			

Quadro 19: Matrizes de distância genética entre todos os pares de variantes de cor das penas

Population	White			Brown		
	Nei	Cavalli–Sforza	Reynold	Nei	Cavalli–Sforza	Reynold
Black	0.0938	0.0656	0.0529	0.0867	0.0649	0.0436
Brown	0.1015	0.0686	0.0564			

Os valores de distância genética padrão de Nei (1972) entre as diferentes populações foram utilizados para a construção de uma árvore filogenética (Fig. 23).

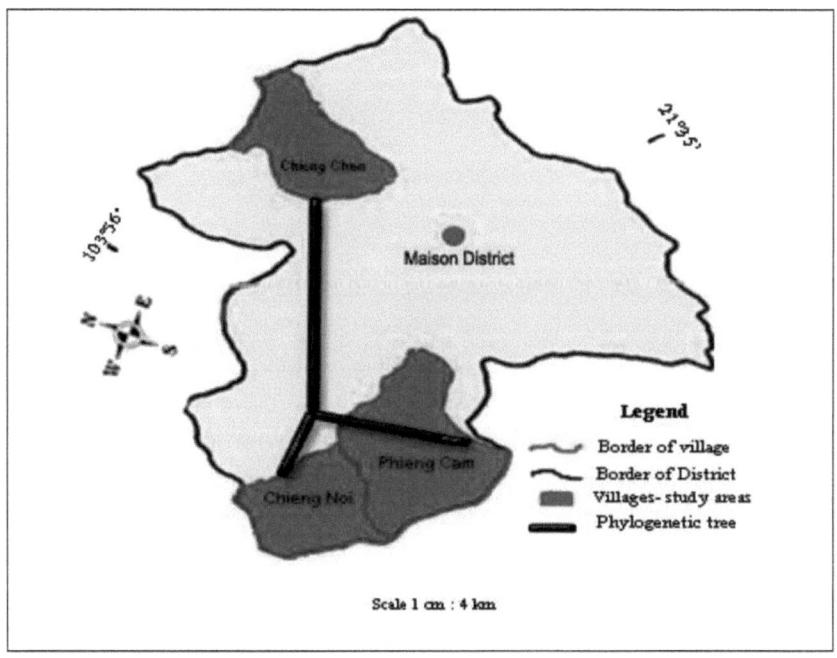

Fig. 23: Árvore filogenética construída a partir da distância genética de Nei (1972) pelo método Neighbour - Joining mostrando a relação genética entre as três populações

Capítulo 5

5 Discussão

5.1. Sistema de produção e caraterização fenotípica

5.1.1. Alojamento, alimentação, gestão e utilização de produtos de frango

Neste estudo, as galinhas H'mong passavam as noites no exterior. Esta prática de maneio tem vários pontos fracos, sendo o principal a exposição das aves à predação durante a noite. Para reduzir este fenómeno, os agricultores deveriam ser aconselhados a construir o galinheiro e a "treinar" as galinhas para entrarem nos compartimentos durante a noite. O galinheiro destina-se a proteger as aves da predação e das condições climatéricas adversas.

A alimentação suplementar neste sistema de produção foi ad hoc e não se baseou em quaisquer necessidades avaliadas. Este sistema não planeado de suplementação alimentar não é obviamente a melhor utilização de recursos limitados. Os pintos tiveram de competir com as aves adultas e os suínos pelo suplemento. Os pintos deveriam ter um acesso separado aos suplementos alimentares. Dar suplementos de forma indiscriminada. As aves andavam a esgravatar durante o dia, uma observação semelhante à relatada por Maphosa *et al.* (2004) e Muchadeyi *et al.* (2004). Os agricultores destas zonas não tinham o hábito de confinar as aves durante a época de cultivo, como foi observado no Senegal (Missohou *et al.*, 2002).

A observação de que todos os proprietários de galinhas entrevistados eram mulheres, sugere uma tendência da empresa de produção de galinhas para as mulheres. Este resultado confirma o relatório anterior de Kitalyi (1998), que reconheceu a importância das galinhas de aldeia para as mulheres. Pedersen (2002), por exemplo, estabeleceu que, ao contrário dos animais de grande porte, que são propriedade e controlados pelos homens, as galinhas são diretamente acessíveis às mulheres. As galinhas H'mong eram propriedade das mulheres. Isto sugere que os projectos adequados sobre as galinhas H'mong devem ser dirigidos às mulheres. As mulheres têm mais experiência na gestão das galinhas da aldeia e, por conseguinte, o seu envolvimento no desenvolvimento do programa aumenta a eficiência da produção das galinhas H'mong. O relatório de Farooq *et al.*, 2000, mostrou que a formação dada às mulheres agricultoras afectou positivamente a eficiência da produção de galinhas no Paquistão.

A carne de galinha H'mong era utilizada para consumo doméstico. Isto pode dever-se ao facto de as tribos H'mong não venderem galinhas para obterem dinheiro (Giang A Gia - chefe de Phieng Cam, comunicação) e às múltiplas utilizações das galinhas H'mong, por exemplo, como abate para convidados especiais, lembranças e presentes, bem como abate para a refeição do agregado familiar durante a época de colheita ou de plantação.

A maior importância das galinhas H'mong para a sua alimentação, em comparação com a geração de rendimentos, está de acordo com outros resultados (Pedersen, 2002; Muchadeyi *et al.*, 2004). Embora os agricultores tenham investido menos na produção de galinhas, eles conseguiram obter carne da produção de galinhas H'mong para satisfazer as suas necessidades alimentares. Este estudo realçou o potencial e o papel das galinhas H'mong, que precisam de ser conservados e desenvolvidos, assim como a necessidade de melhorar os conhecimentos locais dos agricultores em matéria de produtividade, gestão sanitária e desenvolvimento de mercados.

5.1.2. Características do efetivo e sistema de criação

A dimensão média dos bandos de 14,44 aves por agregado familiar é inferior à de relatórios anteriores: 26 aves no Paquistão (Javet *et al.*, 2003) e 22 aves no Senegal (Missohou *et al.*, 2002). A explicação para este facto é que a produção de galinhas das tribos H'mong é de subsistência. As galinhas são criadas para satisfazer o consumo doméstico e não se destinam à produção comercial. A proporção de pintos com menos de oito semanas de idade era pequena. Este facto pode sugerir taxas de mortalidade elevadas causadas por doenças e predadores. Este grupo etário é vulnerável e necessita de cuidados. O rácio galo/galinha observado foi bastante superior ao de outros relatórios sobre galinhas de aldeia: Rácio de 1:3 na Etiópia, Gâmbia e Zimbabué (Kitalyi, 1998), e 1:6 no Chade (Mopate e Lony, 1999). O rácio elevado de galo/galinha neste estudo pode ser explicado pelo baixo tamanho do bando e pelo favorecimento colorido dos agricultores.

Não se registou qualquer troca de galos entre agregados familiares feita por seres humanos. O resultado do inquérito mostrou que o tamanho médio do bando era baixo. Isto teria resultado numa consanguinidade elevada se não houvesse acasalamento fora do bando, devido ao facto de as galinhas serem recolhidas.

5.1.3. Aspeto e cor

Os frangos H'mong têm uma forma equilibrada, com uma cabeça pequena e redonda. O pescoço e a perna são altos. O seu esporão (macho) é longo e afiado. O bico é curvo, comprido e afilado. A cauda é longa e a plumagem é espessa. Com estas características e a sua capacidade de andar rapidamente, a galinha H'mong pode estar adaptada a procurar alimentos em pedras altas e íngremes e a evitar o ataque de predadores quando é adulta.

O gene recessivo rp é responsável pela forma de favo único e a presença do alelo R produz o favo rosa (Punnett e Bateson, 1908). Dao Le Hang (2001) demonstrou que todas as galinhas H'mong mantidas numa estação para conservação ex-situ tinham a forma de um único favo. Por conseguinte, a forma de pente único é um critério de identificação da raça. Esta identificação obtida pode dever-se ao facto de a forma de favo único ser determinada pelo gene recessivo rp. A herança desta forma de favo é, portanto, sustentada. As galinhas H'mong conservadas ex-situ na estação foram criadas a partir de algumas galinhas reprodutoras recolhidas, que têm a forma de favo único, com o objetivo de aumentar o tamanho da população. A forma de pente único das galinhas H'mong em três aldeias domina com uma frequência de 96,42% e as restantes têm a forma de pente rosa. Isto mostra que a diversidade do fenótipo da forma do favo da galinha H'mong nas três aldeias estudadas é maior do que a da população de galinhas H'mong conservada ex-situ.

Os frangos H'mong caracterizam-se por uma grande variabilidade fenotípica na cor das penas. Dividem-se em três cores principais: preto, castanho, incluindo multicolorido, e branco. A maior frequência da cor castanha das penas, incluindo a multicolor, implica que este fenótipo foi favorecido. O estudo mostrou que a cor de pele preta tinha uma baixa percentagem de 5,29% da população. As preferências dos agricultores por galinhas de pele amarela no passado (Giang A Gia - O chefe de Phieng Cam, comunicação pessoal) podem ser a razão para esta observação. A cor preta das pernas e do bico era comum nas populações de galinhas H'mong, com frequências de 95,59% e 96,85%, respetivamente. A pigmentação da plumagem e da pele das galinhas é determinada pela melanina e pela xantofina. Smyth (1990) sugeriu que o locus polialénico E é considerado como determinante da base ou da distribuição zonal da melanina negra. Isto explicaria a presença tanto de perna preta como de pele branca numa galinha H'mong.

5.1.4. Produtividade

5.1.4.1. Crescimento

Os pesos corporais mais baixos das galinhas em Chieng Chan, comparados com os de Phieng Cam e Chieng Noi, podem dever-se à diferença de tamanho da propriedade entre a zona agro-ecológica 2 (Chieng Chan) e a zona 3 (Phieng Cam e Chieng Noi). Phieng Cam e Chieng Chan tinham maiores áreas de terra para as galinhas se alimentarem. Os recursos alimentares que as galinhas podiam comer eram mais abundantes, sob a forma de cereais, sementes de ervas daninhas, insectos, vermes e várias ervas. A diferença não significativa no peso corporal entre as variantes da cor das penas das três aldeias implica uma seleção independente dos genes que determinam a cor das penas e o crescimento.

5.1.4.2. Reprodução

A idade estimada para o início da postura das galinhas H'mong está de acordo com Nguyen Van Tru (2000), que registou uma idade no início da postura de 197,3 dias (28 semanas) para as galinhas necrófagas "Meo" na província de Cao Bang. No entanto, Vo Van Su et al. (2001) registaram uma idade no início da postura das galinhas H'mong de 144 dias (16 semanas). Esta diferença deve-se provavelmente a diferenças no tipo de maneio entre o sistema de recolha e o sistema intensivo (em estação). Benabdeljelil e Arfaoui (2001), Aganga et al. (2000), observaram uma idade no início da postura das galinhas da aldeia de 6 meses (24 semanas). Esta variação pode dever-se a diferenças na genética das aves ou ao tipo de maneio praticado entre os países.

O número de ovos por ninhada de 12 ovos neste estudo foi próximo do registado noutros relatórios (Nguyen Van Tru, 2000; Benabdeljelil e Arfaoui, 2001). O tamanho da ninhada neste estudo é mais elevado do que o observado por Aganga et al. (2000) e Mopate e Lony (1999). Os tamanhos das ninhadas são afectados pela disponibilidade de alimentos e pelas diferenças sazonais. Os tamanhos das ninhadas diminuem com a diminuição da disponibilidade de alimento. Maphosa et al. (2004) observaram que as ninhadas são mais pequenas na estação quente-seca e maiores na estação quente-húmida. Neste estudo, o agricultor recordou o tamanho das ninhadas de determinadas galinhas em qualquer altura durante um ano. Portanto, este tamanho de ninhada de galinhas H'mong representa ambas as estações (estação seca e estação das chuvas) praticadas na área de estudo.

Todos os ovos postos foram incubados. As razões para as elevadas taxas de incubação são múltiplas. Em primeiro lugar, os tamanhos das ninhadas eram pequenos. Em segundo lugar, os agricultores precisam de mais pintos para reconstituir os efectivos, que estão constantemente ameaçados pelos elevados índices de mortalidade. Em terceiro lugar, a produção de ovos para consumo não é uma prática comum na tribo H'mong. A eclodibilidade de 81,69 a 84,72% em três aldeias é superior à de outros relatórios sobre galinhas de aldeia (Benabdeljelil e Arfaoui, 2001; Aganga *et al.*, 2000; Maphosa *et al.*, 2004; Mopate e Lony, 1999 e Missohou *et al.*, 2002). Contudo, foi observada uma eclodibilidade de 87,26% em galinhas "Meo" na província de Cao Bang (Nguyen Van Tru, 2000), o que indica que ainda há potencial para melhorias. Etches (1996) identificou os machos como sendo os principais responsáveis pela infertilidade, uma vez que a presença do ovo assegura a contribuição da galinha. Wilson *et al.* (1987) no Mali relataram que a eclosão era menor na estação quente e seca. O facto de as áreas de estudo serem zonas de montanhas altas e frias com uma temperatura média de 21°C. Por conseguinte, esta pode afetar positivamente a eclodibilidade das galinhas H'mong.

As diferenças de peso dos ovos entre as três populações podem dever-se à variação da paridade das galinhas nas aldeias. A maior parte dos ovos pesados em Chieng Noi eram da primeira ninhada. De acordo com Adetayo e Babafunso (2001), o peso dos ovos está positivamente associado à idade da galinha. A natureza quantitativa da maioria dos traços reprodutivos poderia explicar a diferença não significativa dos traços reprodutivos observados (idade estimada no início da postura, peso dos ovos, tamanho da ninhada e eclodibilidade) entre as variantes dos grupos de três cores.

As pequenas dimensões das ninhadas, as baixas taxas de crescimento dos pintos e a elevada mortalidade em sistemas de gestão extensiva constituem uma limitação importante para o aumento das populações de frangos H'mong. Os traços reprodutivos são traços quantitativos com baixa hereditariedade. Por conseguinte, para melhorar o desempenho da produção de ovos das galinhas H'mong através da criação selectiva, devem ser envidados esforços para utilizar o método de seleção com base em parentes colaterais.

5.2. Caracterização genética

Embora o tamanho da amostra neste estudo tenha sido de 12 indivíduos por aldeia (total de 36 indivíduos), os resultados devem fornecer estimativas fiáveis porque os indivíduos foram amostrados aleatoriamente para refletir a composição real da população.

5.2.1. Distribuição dos marcadores de microssatélites

Todos os loci de microssatélites testados eram polimórficos. Quando as características dos loci de microssatélites utilizados neste estudo foram comparadas com um relatório anterior de uma colaboração europeia (AVIANDIV, 2004), a galinha H'mong tinha um número inferior de alelos em vinte e quatro dos loci e um número igual de alelos em cinco dos loci. Esta diferença pode ser explicada pelo facto de ter sido analisado um pequeno número de 36 indivíduos H'mong contra mais de 1500 indivíduos de 56 raças de galinhas no projeto AVIANDIV.

A distribuição alargada do tamanho dos alelos e o número de alelos por locus serão informações úteis para aplicação em futuros estudos de microssatélites da biodiversidade das galinhas. Há alguns alelos novos que mostram que a gama de tamanhos de alelos é ainda maior do que no conjunto de galinhas estudadas de AVIANDIV (2004), mas só há o alelo 187 para MCW 020 e o alelo 158 para MCW 014 que não tinham sido encontrados até agora. Os restantes caíram no intervalo registado noutros estudos (Koster e Nel, 2000; Vanhala *et al.*, 1998). Dois alelos, que não tinham sido encontrados até à data, só foram encontrados numa população de galinhas H'mong com frequências baixas de 4,2% e 16,7% para o alelo 158 do MCW 014 e o alelo 187 do MCW 020, respectivamente. A baixa frequência do alelo 158 para MCW 014 pode dever-se a alelos raros que foram encontrados na população de galinhas H'mong. É necessária uma investigação mais aprofundada se forem considerados novos alelos encontrados em loci de microssatélites.

Os marcadores de microssatélites testados neste estudo mostraram que o número médio de alelos por locus variou entre dois e dez, o que deu mais alelos do que muitos relatórios anteriores de Crooijmans *et al.* (1996a) e Vanhala *et al.* (1998).

O número médio de alelos observado para todos os marcadores neste estudo foi de 6,4. Este resultado está de acordo com os relatórios de Koster e Nel (2000) e Tadelle (2003). No entanto, Romanov e Weigend (2001) referiram que o número médio de alelos observados para todos os marcadores era de 11,2 para a população de galinhas domésticas e selvagens na Ucrânia e na Alemanha. Os resultados deste estudo também mostraram que o número total de alelos por locus variou de dois a 15 alelos diferentes. Este número está de acordo com os relatórios de Koster e Nel (2000), mas é mais elevado do que os relatórios anteriores de Vanhala *et al.* (1998) e Zhou e Lamont (1999), devido ao facto de as linhas híbridas, consanguíneas e altamente consanguíneas serem altamente consanguíneas. O número total de alelos encontrados na população H'mong é inferior ao relatório de Romanov e Weigend (2001), que indica a existência de dois a 21 alelos diferentes na população de galinhas domésticas e selvagens da Ucrânia e da Alemanha. Esta variação pode ser explicada pela diferença no número de galinhas H'mong (36 indivíduos) utilizadas neste estudo e na população de galinhas da selva (224 indivíduos) na Ucrânia e na Alemanha.

As distribuições alélicas da maioria dos loci de microssatélites não seguiram a expetativa do modelo de mutação stepwise (SMM). De acordo com o SMM, as frequências alélicas devem ser normalmente distribuídas. A observação de uma distribuição irregular dos alelos em alguns dos loci apoia a hipótese de que a estrutura de muitos microssatélites utilizados neste estudo pode não ser simples.

Petit *et al.* (1998) indicaram que foram apresentados vários critérios relacionados com o conceito de singularidade ou carácter distintivo genético e que a presença de alelos distintos é um deles. O critério genético mais geral, para além da diversidade genética, é a diversidade alélica. No presente estudo, foi encontrado um total de 13, 16 e 15 alelos distintos na população Phieng Cam, na população Chieng Noi e na população Chieng Chan, respetivamente, e um total de 14, 13 e 11 alelos distintos, respetivamente, para as variantes de cor das penas pretas, castanhas, incluindo multicores e brancas, em 21 dos 29 loci. A maioria destes alelos separados foi encontrada com frequências baixas de 4,2%. O resultado dos testes dos quadros 16 e 17 indica que não há diferenças significativas entre as variantes de cor das penas. Não foram encontradas diferenças entre as populações Phieng Cam e Chieng Noi. Por conseguinte, estes alelos podem ser considerados como alelos raros em cada população de galinhas H'mong.

5.2.2. Diversidade genética e teste de Hardy - Weinberg

O estado e a tendência da diversidade genética são importantes entre as espécies domésticas (Notter, 1999). Através da tipagem de 29 microssatélites, os valores esperados de heterozigotia (diversidade genética) nestas populações, em todos os marcadores, variaram entre 62,74 e 66,80%, com um valor médio de 64,77%. A estimativa da heterozigotia é superior às estimativas registadas por Tadelle (2003), Koster e Nel (2000), Wimmers *et al.* (2000), Weigend e Romanov (2001b), Vanhala *et al.* (1998) e Zhou e Lamont (1999). A população de galinhas H'mong testada no presente estudo revelou uma variabilidade genética relativamente elevada em comparação com outros resultados. A heterozigotia é uma boa medida da diversidade genética dos loci polimórficos. Quanto mais elevados forem os valores de heterozigotia, mais ampla é a diversidade genética. A galinha H'mong pode ser considerada como uma população de diversidade genética.

O valor médio de F_{is} de 0,0044 em todos os grupos populacionais indica que existe um ligeiro desvio do acasalamento aleatório. O valor é próximo de zero, indicando populações onde ocorre acasalamento aleatório dentro da subpopulação (Nei, 1986).

Dos 29 marcadores, dois marcadores (MCW 123 e LEI 234) apresentaram um desvio do HWE. Existem várias explicações para esse desvio (Vanhala *et al.*, 1998; Wimmers *et al.*, 2000)

Em primeiro lugar, estes loci de microssatélites podem estar associados a alguns genes com alguma importância económica (efeito de seleção),

Em segundo lugar, existe a presença de alelos não amplificados (alelo "nulo")

Em terceiro lugar, a consanguinidade pode ser comum na população,

Em quarto lugar, a presença de subdivisão da população, que pode levar ao efeito de Wahlund, em que há uma redução da frequência observada de heterozigotos (aumento de homozigotos) em relação à esperada, porque as populações que têm frequências alélicas diferentes são agrupadas.

De facto, a consanguinidade e a seleção podem ser excluídas, uma vez que nenhuma das populações apresentou apenas um desvio positivo ou negativo, nem nenhum dos loci apresentou um desvio sistemático entre populações. Os alelos "nulos" não foram descritos para o microssatélite escolhido. O valor de F_{is} é 0,044, o que indica que as populações como um todo estão em equilíbrio de Hardy-Weinberg e que a consanguinidade teve muito pouco efeito nas populações. Há alguns factores que podem explicar a baixa consanguinidade na população H'mong: em primeiro lugar, os bandos de galinhas H'mong vagueavam livremente durante o dia e procuravam comida. Em segundo lugar, o habitat da população H'mong era de acordo com o seu clã, cujos agregados familiares viviam a curta distância. Os agregados familiares de um clã criavam o seu próprio bando de galinhas. Por conseguinte, era praticado o acasalamento aleatório com galinhas de outros bandos.

O baixo valor de F_{it} global de 0,069 sugere um elevado nível de fluxo genético entre as três populações.

As diferenças genéticas entre raças e populações são criadas por mutação e recombinação, juntamente com a deriva genética, a seleção natural e artificial e a migração (Eding e Laval, 1999). O valor global de diferenciação genética de 0,026 é substancialmente pequeno, o que indica que há pouca diferenciação genética entre populações resultante de uma possível deriva genética. Cerca de 2,6% da variação genética total atribuída à diversidade entre populações é a mistura entre populações, 97,4% foi encontrada dentro das próprias populações.

5.2.3. Diferenciação e relação entre as populações

O resultado deste estudo indicou que os valores de F_{st} entre as populações H'mong são baixos. Os valores de Fst entre pares de 0,0105, 0,0343 e 0,0334 entre três populações mostraram que havia pouca divergência populacional entre as populações, o valor mais baixo de F_{st} entre pares de 0,0105 entre a população de Phieng Cam e a população de Chieng Noi mostrou que, da variação genética total encontrada entre duas populações, 1,05% se devia a diferenças na frequência dos alelos e 98,95% se encontrava dentro das próprias raças. O resultado do teste de diferenças entre populações aos pares mostrou que foram observadas diferenças significativas entre a população de Chieng Chan e as populações de Phieng Cam e Chieng Noi. Três variantes de cores de penas não indicaram diferenças significativas. Os resultados deste estudo eram esperados, uma vez que havia várias variantes de cor de penas misturadas na exploração. A população de Phieng Cam e a população de Chieng Noi situavam-se em locais vizinhos.

5.2.4. Distância genética e árvore filogenética

Três medidas de distância genética apresentaram resultados diferentes porque as três medidas se baseiam em pressupostos diferentes. Embora todas assumam que todas as diferenças entre populações resultam da deriva genética. A distância de Nei (Nei, 1972) assume que todos os loci têm a mesma taxa de mutação neutra. As outras duas distâncias genéticas assumem que não há mutação, e que todas as mudanças de frequência genética foram apenas por deriva genética. A distância genética mais próxima em todas as três medidas foi entre a população Phieng Cam e a população Chieng Noi com 0,1013, 0,074 e 0,074 na distância de Nei, Cavalli-Sforza e Reynold, respetivamente. Neel e Ward (1976), estudando a estrutura genética da tribo Tribunal no Brasil, verificaram que a distância genética entre populações está correlacionada com a acessibilidade geográfica. Este facto pode ser utilizado para explicar a pequena distância genética entre as populações H'mong pela proximidade das duas aldeias vizinhas de Phieng Cam e Chieng Noi, sob as quais foram mantidas duas populações. A árvore filogenética reconstruída ilustra o que foi encontrado com as estimativas de distância genética.

Capítulo 6

6 Conclusões e recomendações

6.1. Conclusões

Os sistemas de produção de frangos H'mong caracterizam-se por um baixo nível de produção.

A posse de galinhas H'mong é tendencialmente feminina. Isto implica que as galinhas podem ser utilizadas como um instrumento de desenvolvimento para dar poder às mulheres.

Em geral, os frangos H'mong tinham um baixo coeficiente de consanguinidade, um fenómeno que pode ser atribuído à elevada relação galo/galinha observada

A ausência de diferenças significativas entre as três variantes de cor da plumagem sugere que a cor da plumagem não pode ser utilizada eficazmente para selecionar populações para a conservação da diversidade genética.

A elevada diversidade genética entre populações distantes em comparação com populações vizinhas indica a possibilidade de fluxo genético. A imigração genética entre populações, que é intensa, é influenciada pela distância geográfica.

As galinhas H'mong de uma região distante (Chieng Chan) revelam-se geneticamente diferentes das galinhas de regiões geográficas vizinhas posicionadas (Phieng Cam e Chieng Noi, que são geneticamente semelhantes) (*Hipótese a testar*).

6.2. Recomendação

Este é o primeiro relatório sobre a caraterização fenotípica e genética e o sistema de produção da galinha H'mong no Vietname. Este resultado pode ser utilizado como ponto de partida para o desenvolvimento de uma estratégia de conservação que inclua dados moleculares dos recursos genéticos das galinhas em geral e das galinhas H'mong em particular. Os resultados do presente estudo permitem formular algumas recomendações:

Sensibilizar as famílias das tribos H'mong e as partes interessadas para a diversidade genética existente nas galinhas H'mong.

Melhorar os conhecimentos locais dos agricultores, tendo em vista as mulheres, através da extensão e da formação em matéria de produtividade, gestão da saúde e desenvolvimento de mercados para as galinhas H'mong

Tendo em conta as múltiplas vantagens da utilização de marcadores de microssatélites para estudos genéticos, não é ainda claro até que ponto a variação encontrada nos loci de microssatélites está relacionada com a variação genética nos caracteres de interesse. Recomenda-se a tipagem do polimorfismo de nucleótido único em genes específicos por sequenciação. Esta análise fornecerá informações sobre a extensão e o modo dos polimorfismos nos genes que se supõe serem afectados pela seleção, e poderá fornecer mais informações para responder à questão

Hipótese em que as populações de galinhas H'mong possuem características únicas resultantes de processos de adaptação a longo prazo.

Recomendam-se políticas e estratégias de conservação in situ para as galinhas H'mong, a fim de conservar e utilizar as galinhas H'mong como recurso genético para o futuro.

Referências

Adetayo, A. S. e Babafunso, S. E. 2001. Comparação do desempenho de galinhas indígenas nigerianas de três zonas agro-ecológicas. Livestock ResearchforRuralDevelopment13 Http://www.cipav.org.co/cipav/pubs/index.htm. (Data de acesso: 15 de julho de 2004)

Aert, R., Voet, M., Campenhout, S. V., Stappen, J. V. e Volckaert, G. 1998. Reação em cadeia da polimerase. In: Karp, A., Isaac. P. G. e Ingram, D.S (Ed). Molecular tools for screening biodiversity: Plants and Animals. Chapman and Hall Publisher, Londres: 111-118.

Aganga, A. A., Omphile, U. J., Malope, P., Chabanga, C. H. e Motsamai, L. G. 2000. Traditional poultry production and commercial broiler alternatives for smallholder farmers in Botswana. Livestock Research for Rural Development 12. Http://www.cipav.org.co/cipav/pubs/index.htm. (Data de acesso: 15 de julho de 2004)

AVIANDIV, 2004. Http:// w3.tzv.fal.de/aviandiv/primer_table.html. (Data de acesso: 26 de maio de 2004)

Beaumont, M. A., Ibrahim, K. M., Boursot, P. e Bruford, M. W. 1998. Measuring genetic distance. In: Karp. A., Isaac. P. G. e Ingram, D. S (Ed). Molecular Tools for Screening Biodiversity: Plants and Animal. Chapman and Hall Publisher, Londres: 315-325.

Benabdeljelil, K. e Arfaoui, T. 2001. Caracterização de galinhas e perus Beldi em bandos de aves de capoeira rurais de Marrocos. Estado atual e perspectivas futuras. Animal Genetic Resources Information 31: 87-95.

Bitgood, J. J. e Shoffner, R. N. 1990. Cytology and cytogenetics. In: Crawford, R. D (Ed). Poultry Breeding and Genetics. Elsevier Science Publisher, Amesterdão, Países Baixos: 401-427.

Bulfield, G. 1990. Genética molecular. In: Crawford, R.D (Ed). Poultry Breeding and Genetics. Elsevier Science Publishers, Amesterdão, Países Baixos: 543584.

Cavalli-Sforza, L. L. e Edwards, K. J. 1967. Phylogenetic analysis. Modelos e procedimentos de estimação. American Journal of Human Genetics 19: 233-

257.

Câmara, J. R. 1990. Genetics of growth and meat production in chickens (Genética do crescimento e da produção de carne em frangos). In: Crawford, R. D (Ed). Poultry Breeding and Genetics. Elsevier Science Publishers, Amesterdão, Países Baixos: 599-644.

Chow, B. S. 1984. Domesticação de animais na China neolítica. In: Clutton-Brock, J. e Grigson (Eds). Animals and Archaeology. Vol. 3: Early Herders and their Flocks. Bristish Archaeological Reports International Series 202.

Crawford, R. D. 1990a. Origem e história das espécies de aves de capoeira. In: Crawford, R. D (Ed). Poultry Breeding and Genetics. Elsevier Science Publishers, Amesterdão, Países Baixos: 1-42

Crawford, R. D. 1990b. Evolução, diversidade e conservação. In: Crawford, R. D (Ed). Poultry Breeding and Genetics. Elsevier Science Publishers, Amesterdão, Países Baixos: 43-60

Crooijmans, R. P. M. A., Kampen, A. J. A. V., Poel, J. J. V. D. e Groenen, M. A. M. 1994. New microsatellite markers on the linkage map of the chicken genome. Journal of Heredity 85: 410-413

Crooijmans, R. P. M. A., Groen, A. B. F., Kampen, A. J. A. V., Beek, S. V. D., Poel, J. J. V. D. e Groenen, M. A. M. 1996a. Microsatellite polymorphism in commercial broiler and layer lines estimated using pooled blood samples. Poultry Science 75: 904-909.

Crooijmans, R. P. M. A., Vanoers, P. A. M., Strijk, J. A., Poel, J. J. V. D. e Groenen, M. A. M. 1996b. Preliminary linkage map of the chicken (gallus domesticus) genome based on microsatellite markers: 77 novos marcadores mapeados. Poultry Science 75: 746-754.

Dao Le Hang. 2001. Investigação primária sobre algumas características e capacidade de adaptação de galinhas H'mong em sistema de produção intensiva no delta norte do Vietname. Estudo de mestrado. Universidade Nacional de Hanói, Vietname

Eding, J. H. e Laval, G. 1998. Medição da singularidade genética no sector pecuário. In: Oldenbroek, J. K (Ed). Genebanks and the conservation of farm genetic resources. DLO Institute for Animal Science and Health Publisher, Lelystad,

Países Baixos.

Edwards, K. J. 1998. DNAs polimórficos amplificados aleatoriamente (RAPDs). Em: Karp, A., Isaac. P. G. e Ingram, D. S (Ed). Molecular Tools for Screening Biodiversity: Plants and Animals. Chapman and Hall Publisher, Londres: 170-175.

Etches, R. J. 1996. Reproduction in poultry, CBA International. University Press Cambridge. Singapura. REINO UNIDO.

Fairfull, R. W. e Gowe, R. S. 1990. In: Crawford, R. D (Ed). Poultry Breeding and Genetics. Elsevier Science Publishers, Amesterdão, Países Baixos: 705760.

Falconer, D. S. e Mackay, T. F. C. 1996. Introduction to quantitative genetics. Quarta edição. Longman, Harlow, Essex, Inglaterra.

FAO, 2001. Avaliação global dos recursos florestais. Http://www.fao.org/forestry (Data de acesso: 25 de abril de 2004)

FAO, 1995. Projeto global para a manutenção da diversidade genética dos animais domésticos (MoDAD). Projeto de relatório de formulação do projeto. Organização das Nações Unidas para a Alimentação e a Agricultura, Roma

FAO. 2003. Http://faostat.fao.org/faostat/ (Data de acesso: 14 de junho de 2004)

Farooq, M., Shoukat, K., Asrar, M., Mussawar, S., Durrani, F. R., Asghar, A. e Faisal, S. 2000. Impact of female livestock extension workers on rural household chicken production. Livestock Research for Rural Development 12. Http://www.cipav.org.co/cipav/pubs/index.htm. (Data de acesso: 14 de julho de 2004)

Felsenstein, L. 1993. Phylip (Phylogeny Inference Package) Versão 3.5c. Universidade de Washington, Washington, DC.

Garces, A. e Casey, N. H. 2003. Oviposição e características de qualidade dos ovos de poedeiras anãs e de pescoço nu. South African Journal of Animal Science 33: 105-110.

Garcia De Leon, F. J., Dallas, J. F., Chatain, B., Canonne, M., Versini, J. J. e Bonhomme, F. 1995. Desenvolvimento e utilização de marcadores microsatélites no robalo, Dicentrarchus labrax (Linnaeus, 1958) (Perciformes: Serrandidae). Molecular Marine Biology and Biotechnology

4: 62-68.

Gintovt, V. E., Podstreshny, A. P., Kovalenko, V. P., Koziner, M. A., Kosenko, N. F., Sapronova, N. I. e Kovalenko, A. T. 1981. Analysis of interlinear and intralinear genetic differentiation of laying hens using markers genes (blood group). Genetika 17: 873-882.

Gintovt, V. E., Podstreshny, A. P., Mashurov, A. M. e Berendyaeva, Z. I. 1983. Study of gene pool od the domestic fowl by the methods of immunogenetic analysis. Genetika 19: 1887-1894.

Goldstein, D. B., Linares, A. R., Cavalli-Sforza, L. L. e Feldman, M. W. 1995. An evaluation of genetic distance for use with microsatellite loci. Genetics 139: 463 - 471.

Gondwe, T. N. P., Wollny, C. B. A., Chilera, F. C. S. e Chagunda, M. G. G. 2001. Promoção, com base na comunidade, da diversidade, gestão, utilização e investigação das aves de capoeira rurais no Malawi. Workshop sobre a gestão comunitária dos recursos genéticos animais. Mbabane, Suazilândia. 7-11 de maio de 2001: 69-76

Goudet, J. 2001. FSTAT, um programa para estimar e testar diversidades genéticas e índices de fixação (versão 2.9.3). http://www.unil.ch/izea/softwares/fstat.html. (Data de acesso: 8 de maio de 2004)

Groenen, M. A. M., Ruyter, D., Verstege, E. J. M., Devries, M. e Poel, J. J. V. D. 1995. Desenvolvimento e mapeamento de dez marcadores de microssatélites de suínos. Animal Genetics 26: 115-118.

Han, K., Byun, H. D. e Chung, E. R. 2002. Análise genética de cavalos nativos da Coreia usando marcadores de microssatélites. XXVIII conferências internacionais sobre genética animal. Goettingen, Alemanha. 11 - 15 de agosto de 2002: 101-102.

Hashiguchi, T., Yanagida, M., Nichida, T., Higasshiuwatoko, H. e Hiraoka, E. 1981. Relações filogenéticas determinadas pelos tipos de proteínas do sangue de Fowls. Japão. J. Zootech. Science 52: 713-729.

Hengen, P. N. 2002. BioGuide-PCR.

Http://bip.weizmann.ac.il/mb/bioguide/pcr/PCRwhat.html. (Data de acesso: 18 de maio de 2004)

Hoang Van Tieu e Vo Van Su 2000. Utilização dos recursos genéticos dos animais domésticos vietnamitas - alguns aspectos. Conferência de encerramento da conservação dos recursos genéticos vegetais, animais e microbianos 1996-2000 e objectivos orientados para o período de 2001-2005 no Vietname. Hanói, Vietname. 24-25 de dezembro de 2000: 297-203.

Hoang Van Tieu, Le Viet Ly, Vo Van Su e Le Minh Sat 2001. Summary on Vietnam Livestock Genetic Resources Conservation. http://www.vcn.vnn.vn/qg/tienganh/ (Data de acesso: 20 de junho de 2004)

Horst, P. 1989. As aves de capoeira nativas como reservatório de genomas e genes principais com efeito direto e indireto na adaptabilidade e no seu potencial para planos de criação orientados para as regiões tropicais. Arch. Geflugelk. 53: 93-101

Horst, P. e Mathur, P. K. 1992. Tendências dos valores económicos das características de seleção para a produção local de ovos. Actas, 19º Congresso Mundial de Avicultura, Amesterdão. Países Baixos, 20-24 de setembro. Vol2: 577-583.

Javed, K., Farooq, M., Mian, M. A., Durrani, F. R. e Mussawar, S. 2003. Flock size and egg production performance of backyard chicken created by rural woman in Peshawar, Pakistan. Livestock Research for Rural Development 15. Http://www.cipav.org.co/cipav/pubs/index.htm. (Data de acesso: 15 de junho de 2004)

Johnsgard, P. A. 1986. The pheasants of the world. Oxford Uni. Press, Nova Iorque.

Karp, A., Peter, G. I. e David, S. I. 1998. Prefácio. In: Karp. A., Isaac, P. G. e Ingram, D. S (Ed). Molecular Tools for Screening Biodiversity: Plants and Animals. Chapman and Hall Publisher, Londres: 1-2

Kitalyi, A. J. 1998. Sistema de produção de galinhas de aldeia na África rural. Segurança do agregado familiar e questões de género. Animal Production and Health Paper 142. Organização das Nações Unidas para a Alimentação e a Agricultura, Roma

Koster, E. V. M. e Nel, E. L. H. 2000. Caracterização genética da população nativa de galinhas da África Austral: Avaliação e seleção de marcadores polimórficos de microssatélites. South African Journal of Animal Science 30: 1-6

Le Viet Ly 1994. Conservação dos recursos genéticos animais - um trabalho urgente na proteção da biodiversidade e do ambiente. Sobre o resultado da conservação dos recursos genéticos animais no Vietname, Agriculture Publisher, Vietname: 5-20.

Lynch, M. e Milligan, B. G. 1994. Análise da estrutura genética da população com marcadores RAPD. Mol. Ecol. 3: 91-97.

Mac Thi Quy, Luong Tat Nho, Nguyen Thi Loan, Nguyen Thanh Trung, Tien Hong Phuc, Tran Thanh Son 2003. Avaliação da procura de desenvolvimento de tecnologia de criação de animais no distrito de Maison, província de Sonla. Scientific Papers on Animal Production - National Institue of Animal Husbandry, Hanoi, Vietname: 180-191.

Departamento de Estatística da Maison 2000. Anuário estatístico da Maison. Editora de Estatística, Vietname

Maphosa, T., Kusina, J., Kusina, N. T., Makuz, S. e Sibanda, S. 2004. Um estudo de monitorização comparando a produção de frangos de aldeia entre áreas agrícolas comunais (Nharira) e comerciais de pequena escala (Lancashire) no Zimbabué. Livestock Research for Rural Development 16. Http://www.cipav.org.co/cipav/pubs/index.htm. (Data de acesso: 16 de julho de 2004)

Maudet, C., Luikart, G. e Taberlet, P. 2002. Diversidade genética e testes de atribuição entre sete raças bovinas francesas com base na análise do ADN microssatélite. J. Animal. Sci. 80: 942-950.

Mina, N. S., Sheldon, B. L., Yoo, B. H. e Frankham, R. 1991. Heterozigose em loci de proteínas em linhagens consanguíneas e não consanguíneas de galinhas. Poultry Science 70: 1864-1872.

Missohou, M., Dieye, P. N. e Talaki, E. 2002. Rural poultry production and productivity in southern Senegal. Livestock Research for Rural Development 14. Http://www.cipav.org.co/cipav/pubs/index.htm. (Data de acesso: 14 de julho de 2004)

Mopate, L. Y. e Lony, N. 1999. Survey on family chicken farms in the rural area of N'Djamena, Chad. Livestock Research for Rural Development 11.

Http://www.cipav.org.co/cipav/pubs/index.htm. (Data de acesso: 18 de agosto de 2004)

Msoffe, P. L. M., Mtambo, M. M. A., Minga, U. M., Gwakisa, P. S., Mdegela, R. H. e Olsen, J. E .2002. Productivity and Natural Disease Resistance Potential of Free-ranging Local Chicken Ecotypes in Tanzania (Produtividade e potencial de resistência natural a doenças dos ecotipos de galinhas locais de criação livre na Tanzânia). Livestock ResearchforRuralDevelopment14 .

http://www.cipav.org.co/cipav/pubs/index.htm (Data de acesso: 15 de abril de 2004)

Muchadeyi, F. C., Sibanda, S., Kusina, N. T., Kusina, J. e Makuza, S. 2004. The village chicken production system in Rushinga District of Zimbabwe. Livestock Research for Rural Development 16.

Http://www.cipav.org.co/cipav/pubs/index.htm. (Data de acesso: 25 de julho de 2004)

Neel, J. V. e Ward, R. H. 1976. A estrutura genética de uma população tribal. Os índios yanomama XIV, clines e suas interpretações. Genetics 82: 103121.

Nei, M. 1972. Distância genética entre populações. American Naturalist 106: 283292.

Nei, M. 1986. Definição e estimativa de índices de fixação. Evolution 40: 643-645.

Nei, M. 1987 Molecular Evolutionary Genetics, Columbia University Press, Nova Iorque, NY, EUA.

Nguyen Dang Vang. 2000. O sector dos frangos no Vietname.

http://www.vcn.vnn.vn/sp_pape/spec_00_10_20_7.htm (Data de acesso: 26 de maio de 2004)

Nguyen Van Thien, Nguyen Van Hai, Tran Thi Mai Phuong, Vu Thi Khanh Van e Ngo Thi Kim Cuc 1999. The productivity of Vietnamese Ac Chicken. Scientific Papers on Animal Production - National Institute of Animal Husbandry, Hanoi, Vietname: 156-163

Nguyen Van Tru, 2000. Caracterização biológica e produtividade da galinha "Meo" na província de Cao Bang do Vietname. Estudo de mestrado. Universidade de Silvicultura e Agricultura de Thai Nguyen, Vietname

Nhu Van Thu, Phan Thanh Phuong e Le Thi Thuy 2003. Investigação da infeção por micoplasma aviário no Vietname através de ferramentas moleculares. Conferência Deutscher Tropentag sobre inovações tecnológicas e institucionais para o desenvolvimento rural sustentável. 8 -10 de outubro de 2003, Goettingen, Alemanha: 250.

Nikiforov, A. A., Moiseyeva, I. G. e Zakharov, I. A. 1998. Position of Russian chicken breed in the diversity of Erasian breeds. Genetics 34: 850-851.

Notter, D. R. 1999. The importance of genetic diversity in livestock population of the future (A importância da diversidade genética nos efectivos pecuários do futuro). J. Anim. Sci. 77: 61-69.

Park, S. 1999. The microsatellite toolkit for MS Excel 97 or 2000. Molecular population genetics laboratory, Smurfit Institute of Genetics, Trinity College, Dublin 2, Irlanda.

Pedersen, C. V. 2002. Produção de galinhas semi-caipiras no Zimbabué. Estudo de doutoramento. Universidade Real de Veterinária e Agricultura, Copenhaga, Dinamarca.

Petit, R. J., Mousadik, A. E. I. e Pons, O. 1998. Identificação de populações para conservação com base em marcadores genéticos. Conservation Biology. 12: 844-855.

Phuong Thao e Mai Hoang 2003. Galinha H'Mong - Precioso recurso genético conservado. Economic and Life Newpapers 352, Hanói, Vietname.

Punnett, R. C. e Bateson, W. 1908. Experimental studies in the physiology of heredity. Poultry. Rep. Evol. Comm. Roy. Soc. IV. 18-35

Raymond, M. e Rousset, F. 2004. Genepop na Web.

Http://wbiomed.curtin.edu.au/genepop/. (Data de acesso: 15 de maio de 2004)

Reynolds, J., Weir, B. S. e Cockerham, C. C. 1983. Estimativa da base do coeficiente de co-ancestralidade para uma distância genética de curto prazo. Genetics 105: 767-779.

Rodriguez, L. e Preston, T. R. 1999. Observações de galinhas necrófagas locais (indígenas) e Tam Hoang (exóticas) com livre acesso (quando confinadas à noite) à lentilha d'água (Lemnaceae) oferecida sozinha ou misturada com farelo de arroz. Livestock Research for Rural Development 11. http:/www.cipav.org.co/lrrd/lrrd11/1/lyl111.htm. (Data de acesso: 15 de julho de 2004)

Romanov, M. N., Wezyk, S., Cywa- Benko, K. e Sakhatsky, N. I. 1996. Recursos genéticos avícolas nos países da Europa Oriental - história e situação atual. Poultry Avian Biology. Rev 7: 1-29.

Romanov, M. N. 1999. Goose production efficiency as influenced by genotype, nutrition and production systems (Eficiência da produção de gansos influenciada pelo genótipo, nutrição e sistemas de produção). World's Poultry Science Journal 55: 281194.

Romanov, M. N. e Weigend, S. 2001. Análise das relações genéticas entre várias populações de galinhas domésticas e da selva utilizando marcadores de microssatélites. Poultry Science 80: 1057-1063.

Roy, M. S., Geffen, E., Smith, D., Ostrander, E. A. e Wayne, R. K. 1994. Patterns of differentiation and hybridization in North American wolflike canids, revealed by analysis of microsatellite loci. Mol. Bio. Evo. 11: 553-570.

Saitou, N. e Nei, M. 1987. O método neighbor - Joining: Um novo método para a reconstrução de árvores filogenéticas. Mol. Bio. Evo. 4: 406-425.

Sanghvi, L. D. 1953. Comparação de métodos genéticos e morfológicos para um estudo de diferenças biológicas. Amer. J. Phys. Anthrop. 11: 385-404.

SAS (Statistical Analysis Systems). 1999. Guia do utilizador do SAS/STAT, versão 8.5. SAS Institute Inc. Cary, NC.

Smeets, H. J., Brunner, H. G., Ropers, H. H. e Wiering, A. B. 1989. Utilização de motivos de sequência simples variáveis como marcadores genéticos: aplicação ao estudo da distrofia miotónica. Human Genetic 83: 245-251.

Smyth, J. R. J. 1990. Genetics of plumage, skin and eye pigmentation in chickens. In: Crawford, R. D. (Ed). Poultry Breeding and Genetics. Elsevier Science Publishers, Amesterdão, Países Baixos: 109-168.

Departamento de Estatística de Sonla. 2000. Anuário estatístico de Sonla. Editora de Estatística, Vietname

Southern, E. 1975. Deteção de sequências específicas entre fragmentos de ADN separados por eletroforese em gel. J. Mol. Bio. 98: 503-517.

Stephen, J., Wollny, C. B. A., Jamnadass, R., Hanotte, O. e Gwakisa, P. S. 2002. Assessment of genetic relationship of Tanzanian sheep ecotypes using RAPD and microsatellite DNA markers. XXVIII Conferência Internacional de Genética Animal. Goettingen, Alemanha: 11-15 de agosto de 2002: 141-142.

Strachan, T. e Read, A. P. 1996. Human molecular genetics. BIOS Scientific Publishers. Oxford, Reino Unido.

Tadelle, D. A. 2003. Caracterização fenotípica e genética de ecotipos locais de galinhas na Etiópia. Estudo de doutoramento. Universidade de Humboldt - Berlim, Alemanha.

Takezaki, N. e Nei, M. 1996. Reconstrução de distâncias genéticas de árvores filogenéticas a partir de ADN microssatélite. Genetics 144: 389-399.

Tautz, D. 1989. Hypervariability of simple sequences as a general source for polymorphic DNA markers. Nucleic Acids Research 17: 6463-6471.

Turner, P. C., Lennan, M. C., Bates, A. D. e White, M. R. H. 1998. Notas instantâneas em biologia molecular. BIOS Scientific Publishers. Oxford, Reino Unido.

Vanhala, T., Tuiskula-Haavisto, M., Elo, K., Vilkki, J. e Maki-Tanila, A. 1998. Evaluation of genetic variability and genetic distance between eight chicken lines using microsatellite markers. Poultry Science 77: 783-790.

Vierstraete, A. 1999. Princípios da PCR.

http://allserv.rug.ac.be/~avierstr/principles/pcr.html (Data de acesso: 14 de maio de 2004)

Vo Van Su, Ngo Thi Kim Cuc, Le thi Binh, Vu Khanh Van, Pham Cong Thieu, Luong Thi Hong et al. 2001. Adaptação da galinha H'mong na conservação ex-situ. Relatório final do projeto sobre a conservação das raças de gado vietnamitas com características económicas excepcionais. Instituto Nacional de Criação Animal, Hanói, Vietname

Vos, P., Hogers, R., Bleeker, M., Reijans, M., Van De Lee, T., Hornes, Miranda, F e Zebeau, M. 1995. AFLP: Uma nova técnica de impressão digital de ADN. Nucl. Acids Res. 23: 4407-4414.

Weigend, S. e Romanov M. N. 2001a. Current strategies for the assessment and evaluation of genetic diversity in chicken resources. World poultry science Journal. 57: 257-288.

Weigend, S. e Romanov, M. N. 2001b. Genetic diversity in chicken resources. World's Poultry Science Journal 57: 278-288.

Weir, B. S. e Cockerham, C. C. 1984. Estimating F-statistics for the analysis of population structure. Evolution 38: 1358-1370.

Widdowson, E. M. 1980. Definições de crescimento. In: Lawrence, T. L. J (Ed). Growth in animals. Butterworth and Co. Ltd, Londres.

Wilson, R. T., Traore, A., Kuit, H. G. e Slingerland, M. 1987. Livestock Production in Central Mali: Reprodução, crescimento e mortalidade de galinhas domésticas sob gestão tradicional. Tropical Animal Health and Production 19: 229-236.

Wimmers, K., Ponsuksili, S., Hardge, T., Valle, A. Z., Mathur, P. K. e Horst, P. 2000. Genetic distinctness of African, Asian and South American local chickens (Distinção genética das galinhas locais africanas, asiáticas e sul-americanas). Animal Genetics 31: 159-165.

Wollny, C. B. A. 2003. A necessidade de conservar os recursos genéticos dos animais de criação em África: Should policy marker be concerned? Ecological Economics 45: 341-351.

Wright, S. 1969. Evolution and the genetics of population. The theory of gene frequency, Universidade de Chicago, Chicago, EUA.

Zhang, X., Leung, F. C., Chan, D. K. O., Chen, Y. e Wu, C. 2002. Comparative analysis of allozyme, random amplified polymorphic DNA, and microsatellite polymorphism on Chines native chickens. Poultry Science 81: 1093-1098.

Zhou, H. e Lamont, S. J. 1999. Caracterização genética da biodiversidade em linhas de frangos de cana com marcadores de microssatélites. Animal Genetics 30: 256-264.

Apêndices

Anexo 1: Critérios socioeconómicos e infra-estruturas das três zonas dos distritos de Maison

Zone	I	II	III
Geographical feature	14 communes are along the national highway No. 6.	3 poor communes are next to Da River.	Having the 4 poorest communes located in remote boundary and mountain communes.
Education level	To make compulsory to everyone general education at the secondary school 10% population graduate from University.	To make compulsory to everyone general education at the primary school. 25% population make compulsory to everyone general education at the secondary school.	Illiterate elimination, 20% population make compulsory to everyone general education at the primary school.
Households using national electricity (%)	65.00	23.00	3.20
Income/capita/year (USD)	160.00	140.00	75.00 – 90.00

Fonte: Departamento de Planeamento da Maison. 2004

Apêndice 2: Questionário
2.1. Aspeto e ficha de peso corporal
Nome do chefe do agregado familiar:
Código:

Aldeia:
Data:

No.	Estimated age	Sex	Weight	Comb	Color			
					Feather	Skin	Leg	Peak
1								
2								
3								
...								

Resultados:

- Número de frangos inquiridos: Pintos n=201; produtores n= 307; galos e galinhas n=286
- Forma do pente: Forma de pente simples n= 620; forma de pente rosa n=23; desconhecida n=151
- Sexo: Masculino n=235; feminino n=354; desconhecido n=205
- Cor da pena: preta n=124; castanha incluindo multicolor n= 556; branca n=114.
- Cor da pele: preta n=42; amarela n=752.
- Cor da perna: preta n=759; amarela n=35
- Cor do bico: preto n=769; amarelo n=25.

2.2. Ficha de postura de ovos
Nome do chefe do agregado familiar:
Código:

Aldeia:
Data:

No.	Estimated age	Age at point of laying	Egg weight	Egg per clutch			
				1	2	3	4
1							
2							
3							
...							

Resultado:

	Galinhas inquiridas (n)	Peso do ovo (n)	Ninhada de ovos (n)
Phieng Cam	46	79	61
Chieng Chan	13	21	13
Chieng Noi	13	15	22

Continuar...

2.3. Folha de criação e de incubação

Nome do chefe do agregado familiar:

Código:

Aldeia:
Data:

No.	Clutch for brooding	No. of chicken hatched	Death	
			Estimated age	Number
1				
2				
3				
...				

Resultado:

Ninhada de ovos: Phieng cam n=39; Chieng Chan n=11 ; Chieng Noi n=16

2.4. Doença nos últimos 12 meses

Nome do chefe do agregado familiar:

Código:

Aldeia:
Data:

No.	Symptom	Possible disease
1		
2		
3		
...		

Resultado: Sem informação n=55

Continuar...

2.5. Questionário para a gestão e o marketing

Nome do chefe do agregado familiar:
Código:
Aldeia:
Data:

Questions	1	2	3	4	Results
Who takes care of chicken?	Woman	Man;	Child		1: n=55
How often are chicken checked?	Every day	Every week	Every month	others	4: n=55 (only chicks)
How is chicken feeding?	Scavenging	Maize supplement	Commercial		1: n=55 2: n=55
How is chicken captive in Hen-house?	Yes	No			1: n=44 2: n=11
what kind of material using in hen-house?	Bamboo and wood	Bride	Others		1: n=55
How are chickens prevented disease?	Yes	No			2: n=55
What kinds of prevention methods?	Vaccination	folk medicine			
How often are the birds vaccinated?	One time	Two times	Three times		
Do you provide any supplements or medicine?	Yes (specific)	No			2: n=55
Where is source of bird for breeding?	Market	Neighbour	Relative	Own flock	2: n=6 3: n=4 4: n=45
How is chicken meat sell?	Local market	Restaurant	Goods exchange	Own supply	4: n=55

Apêndice 3: Protocolos de isolamento de ADN a partir de sangue de galinha colhido em papel de filtro

Fonte: Trabalho S. Weigend. Instituto de Criação de Animais Mariensee. Alemanha

3.1 . Preparar os lisos

3.1.1 Cortar uma metade do papel de filtro (FTA Micro card - Whatman Co) em 4 pedaços

e colocá-lo num tubo de 1,5 ml

3.1.2 Adicionar 500µl de tampão STE

3.1.3 Adicionar 10µl de proteinase K

3.1.4 Adicionar 20µl de SDS

3.1.5 Agitar o tubo 30 vezes e colocá-lo num banho-maria a 56°C durante a noite

3.2 Isolamento de ADN: Utilizar tubos de gel Eppendorf Phase Lock

3.2.1 Centrifugar os tubos a 12000 rpm

3.2.2 Transferir toda a lise para um tubo de gel de bloqueio de fase

3.2.3 Adicionar 500µl de Fenol-Clorofórmio-Isoamiletanol

3.2.4 Agitar o tubo até o líquido ficar homogéneo

3.2.5 Centrifugar o tubo durante 5 minutos a 12000 rpm

3.2.6 Transferir a fase superior (sobrenadante) para um novo tubo de 1,5 ml

3.2.7 Adicionar 45µl de solução de Na-acetato 3M e adicionar 1ml de Etanol 99% (gelado)

3.2.8 Agitar suavemente o tubo e deixar repousar durante 15 minutos

3.2.9 Centrifugar o tubo 10min (12000rpm)

O ADN estava no fundo

3.2.10 Retirar suavemente a fase líquida

3.2.11 Adicionar 200µl de etanol a 70% para lavar o ADN

3.2.12 Centrifugar o tubo durante 10 minutos a 12000 rpm

O ADN estava no fundo

3.2.13 Retirar suavemente a fase líquida

3.2.14 Adicionar 200µl de etanol a 70% para lavar o ADN

3.2.15 Centrifugar o tubo durante 10 minutos a 12000 rpm

O ADN estava no fundo

3.2.16 Retirar suavemente a fase líquida

Deixar o tubo aberto para secar o ADN

Após 1-3 horas, o ADN é branco e seco e o ADN seco foi armazenado à temperatura ambiente

Apêndice 4: Reacções multiplex para PCR

4.1 Multiplex M8		4.2 Multiplex M9	
Agents	Volume (µl)	Agents	Volume (µl)
Primer F MCW 69	0.30	Primer MCW 111F	0.30
Primer R MCW 69	0.30	Primer MCW 111R	0.30
Primer F MCW 81	0.30	Primer MCW 37F	0.30
Primer R MCW 81	0.30	Primer MCW 37R	0.30
Primer F MCW 222	0.30	Primer MCW 16F	0.30
Primer R MCW 222	0.30	Primer MCW 16R	0.30
Primer F MCW 34	0.30	Primer LEI 166F	0.30
Primer R MCW 34	0.30	Primer LEI 166R	0.30
Primer F MCW 295	0.30	Primer LEI 234F	0.30
Primer R MCW 295	0.30	Primer LEI 234R	0.30
Multiplex Master mix	4.00	Mix QIAGEN	4.00
DNA (20ng/ul)	2.00	DNA	2.00
Oil	20.00	Oil	20.00
Multi program:		**Multi program:**	
15minutes at 95°C		15minutes at 95°C	
30 seconds at 94°C		30 seconds at 94°C	
90 seconds at 60°C	25 rounds	90 seconds at 60°C	25rounds
1 minute at 72°C		1 minute at 72°C	
30 minutes at 60°C		30 minutes at 60°C	
Hold at 4°C		Hold 4°C	
4.3 Multiplex M10		4.4 Multiplex M11	
H2O	1.20	Primer MCW 140F	0.30
Primer MCW 183F	0.30	Primer MCW 140R	0.30
Primer MCW 183R	0.30	Primer MCW 80F	0.30
Primer ADL 112F	0.30	Primer MCW 80R	0.30
Primer ADL 112R	0.30	Primer MCW 123F	0.30
Primer MCW 14F	0.30	Primer MCW 123R	0.30
Primer MCW 14R	0.30	Primer MCW 20F	0.30
Oil	20.00	Primer MCW 20R	0.30
DNA	2.00	Primer MCW 165F	0.30
Multi m1m2 program: Continue...		Primer MCW 165R	0.30

15 minutes at 95°C		Multiplex Master mix	4.00	
30 seconds at 94°C		Oil	20.00	
90 seconds at 58°C	25 rounds	DNA	2.00	
1 minute at 72°C		**Multi program**:		
30 seconds at 60°C		15 minutes at 95°C		
Hold 4°C		30 seconds at 94°C		
		90 seconds at 60°C	25 rounds	
		1 minute at 72°C		
		30 minutes at 60°C		
		Hold at 4°C		
4.5 Multiplex M12		**4.6 Multiplex M13**		
H2O	0.60	MgC12	0.50	
Primer MCW 78F	0.30	DdH2O	1.30	
Primer MCW 78R	0.30	Primer MCW 103F	0.30	
Primer MCW 67F	0.30	Primer MCW 103R	0.30	
Primer MCW 67R	0.30	Primer MCW 206F	0.30	
Primer MCW 330F	0.30	Primer MCW 206R	0.30	
Primer MCW 330R	0.30	Mix QIAGEN	4.00	
Primer MCW 98F	0.30	TMAC	0.50	
Primer MCW 98R	0.30	DNA	2.00	
Multiplex Master mix	4.00	Oil	20.00	
Add DNA	2.00	**D10 program**:		
Oil	20.00	15 minutes at 95°C		
Multi program:		1 minute at 94°C		
15 minutes at 95°C		1 minute at 64°C	35 rounds	
30 seconds at 94°C		1 minute at 72°C		
90 seconds at 60°C	25 rounds	10 minutes at 72°C		
1 minute at 72°C		Hold 4°C		
30 minutes at 60°C				
Hold 4°C				

I want morebooks!

Buy your books fast and straightforward online - at one of world's fastest growing online book stores! Environmentally sound due to Print-on-Demand technologies.

Buy your books online at
www.morebooks.shop

Compre os seus livros mais rápido e diretamente na internet, em uma das livrarias on-line com o maior crescimento no mundo! Produção que protege o meio ambiente através das tecnologias de impressão sob demanda.

Compre os seus livros on-line em
www.morebooks.shop

info@omniscriptum.com
www.omniscriptum.com

Printed by Books on Demand GmbH, Norderstedt / Germany